广东省茶树种质资源库
核心资源图谱

◎ 吴华玲　著

中国农业科学技术出版社

图书在版编目（CIP）数据

广东省茶树种质资源库核心资源图谱 / 吴华玲著 . -- 北京：中国农业科学技术
出版社，2021. 9

ISBN 987-7-5116-5458-8

Ⅰ. ①广…　Ⅱ. ①吴…　Ⅲ. ①茶树—种质资源—广东—图谱　Ⅳ. ①S571.102.4-64

中国版本图书馆 CIP 数据核字（2021）第 168516 号

责任编辑　贺可香
责任校对　贾海霞
责任印制　姜义伟　王思文

出 版 者　中国农业科学技术出版社
　　　　　北京市中关村南大街12号　　邮编：100081
电　　话　（010）82106638（编辑室）　（010）82109702（发行部）
　　　　　（010）82109709（读者服务部）
传　　真　（010）82106650
网　　址　http：// www.castp.cn
经 销 者　各地新华书店
印 刷 者　北京地大彩印有限公司
开　　本　210 mm×297 mm　1/16
印　　张　26.75
字　　数　700千字
版　　次　2021年9月第1版　　2021年9月第1次印刷
定　　价　260.00元

本图谱由广东省农业科学院组织编制并得到以下项目资助：

1. 广东省现代种业创新提升项目"广东省农作物种质资源库（圃）建设与资源收集保存、鉴评"（粤财农〔2018〕143号）

2. 财政部和农业农村部：国家现代农业产业技术体系建设专项

3. 现代种业项目——广东省重点领域研发计划项目"广东特色香型优质茶新品种培育"（2020B020220004）

《广东省茶树种质资源库核心资源图谱》

著者名单

主　著：吴华玲

著　者：潘晨东　秦丹丹　王　青　方开星
　　　　倪尔冬　李红建　李　波　姜晓辉
　　　　王秋霜　黄华林

茶叶是目前世界三大纯植物健康饮料之一，是我国重要的农业优势产业，也是传承中华农耕文明和对外文化交流的重要载体。我国是世界茶树的发源地，境内多山、地形复杂，立体气候明显，优越的地理环境孕育了极其丰富的茶树资源，既有野生型资源，又有过渡资源和栽培种，其形态多姿多彩。树型有乔木、小乔木、灌木之分；叶形有特大叶、大叶、中叶、小叶、特小叶等；新梢叶色具有深绿、绿、淡绿、黄绿、黄色、紫色、红色等；新梢芽叶茸毛有特多、多、中、少、无茸毛之别。

广东省农业科学院茶叶研究所成立于1959年，是全国最早建立的省级茶叶专业研究机构之一，自建所以来就开始了茶树种质资源收集、保存和创新利用研究，并于2005年由广东省科技厅在广东省农业科学院茶叶研究所英德基地挂牌建成"广东省茶树种质资源库"，2014年开始在广东省农业科学院茶叶研究所广州钟落潭基地扩建资源库。2018年，广东省农业农村厅投入5 000万元启动了广东省农作物种质资源库（圃）建设项目，茶树作为广东重要的特色作物，列入重点建设范围。

历经省、市、县茶叶主管部门和几代茶叶科技工作者的共同努力，迄今为止，"广东省茶树种质资源库"总建设面积达100亩，其中英德80亩、广州20亩，目前通过茶树穗条扦插、嫁接繁育、原种无性系扦插苗种植和种子采播等方式收集保存印度、斯里兰卡、肯尼亚、老挝、日本、韩国、格鲁吉亚及中国17个省份的地方品种和野生种质达1 800余份，资源数量和类型位于全国前列，是华南地区规模最大、种类最齐全的茶树活体"基因库"，包括红茶、绿茶、白茶、乌龙茶等六大茶类资源，尤其是广东特色的高花香红茶、高花香乌龙茶、高花香绿茶、高花青素茶以及国内外独有的无咖啡碱可可茶等资源的多样性居全国领先水平。

依托广东省茶树种质资源库的长期建设，广东省农业科学院茶叶研究所目前已建立了设备较齐全、技术力量较完备的茶树资源收集保存、评价和新品种选育研究平台，迄今育成茶树良种共22个（国家级良种10个，省级良种7个，国家植物新品种权5个），占全省茶树无性系品种数量的85%，其中"英红九号"近二十年来已然成为英德红茶地方品牌的核心品种，是全国屈指可数的由一个茶树品种名发展成为红茶公共品牌的业界典范；"丹霞1号""乌叶单丛""鸿雁12号"近几年也连续入选广东省农业主导品种，分别成为白毛茶产区、单丛茶产区和红茶产区的当家品种。

　　本书共整理了"广东省茶树种质资源库"内397份重要核心茶树种质资源的信息，分别介绍资源的来源、形态特征、生长特性和生产性能，并配以植株、茶行、新梢、芽叶、花等实物照片，以供茶树资源和育种研究者、教学工作者、茶叶生产人员及茶叶爱好者参考。

　　限于作者的水平和能力，书中难免有不当之处，敬请各位同行专家和读者批评指正。

著　者

2021年3月

目录

育成品种

优异新品系

人工杂交创制种质

辐射诱变种质

广东本土收集资源

国外引进资源

育成品种

国家级审定品种	省级审定品种	植物新品种授权
英红1号	英红九号	粤茗1号
五岭红	丹霞1号	粤茗2号
秀红	丹霞2号	粤茗4号
鸿雁1号	乌叶单丛	可可茶1号
鸿雁7号	黑叶水仙	可可茶2号
鸿雁9号	黄叶水仙	
鸿雁12号	凤凰八仙单丛	
鸿雁13号	凤凰黄枝香单丛	
白毛2号	乐昌白毛1号	
云大淡绿		
岭头单丛		
乐昌白毛茶		

英红1号

Camellia sinensis var. *assamica*（Masters）Kitamura cv. *Yinghong 1*

来　　源： 由广东省农业科学院茶叶研究所从阿萨姆种中采用单株育种法育成的无性系，认定编号GS 13047-1987。

形态特征： 乔木型，植株高大，树姿开张，主干显，分枝中等；大叶类，叶长15.5cm、宽6.6cm，叶片水平或上斜状着生，成熟叶椭圆形，深绿，富光泽，叶面隆起，叶身平，叶缘波状，叶尖渐尖，叶齿锐深，叶质厚软。新梢芽叶黄绿色，茸毛密度中等。花冠直径3.0cm，花瓣白色，子房茸毛中等，花柱3裂。

生长特性： 中生种，原产地广东英德春茶一芽三叶期在3月下旬至4月上旬。新梢芽叶生育力和持嫩性强，一芽三叶百芽重134.0g。春茶一芽二叶干样约含水浸出物55.8%、氨基酸5.5%、茶多酚20.9%、咖啡碱3.7%。结实性中等。

生产性能： 每667m²可产干茶150kg。适制红茶，品质优良。制红碎茶，颗粒匀整，色泽乌润，香气高锐，滋味浓鲜爽口，汤色红艳明亮。适宜在华南和西南部分红茶茶区种植。幼龄期抗寒性弱，扦插繁殖力较强。

五岭红

Camellia sinensis var. *assamica*（Masters）cv. *Wulinghong*

来　　源：由广东省农业科学院茶叶研究所从英红1号自然杂交后代中采用单株育种法育成的无性系，审定编号国审茶2002004。

形态特征：小乔木型，植株高大，树姿开张，分枝密；大叶类，叶长14.3cm、宽5.0cm，叶片稍上斜状着生，成熟叶椭圆形，深绿，富光泽，叶面隆起，叶身内折，叶缘波状，叶尖渐尖，叶齿锐深，叶质厚软。新梢芽叶黄绿色，茸毛稀。花冠直径3.0～4.0cm，花瓣白色，子房有茸毛，花柱3裂。

生长特性：中生种，原产地春茶一芽三叶期在3月下旬至4月上旬。新梢芽叶生育力和持嫩性强，一芽三叶百芽重138.0g。春茶一芽二叶干样约含水浸出物46.3%、氨基酸3.5%、茶多酚18.7%、咖啡碱3.6%。结实性中等。

生产性能：每667m²可产干茶150kg。适制红茶，品质优良。制红碎茶，色泽乌润，颗粒重实，汤色红艳，滋味浓强鲜活，香气鲜高持久，显花香。适宜在华南和西南部分红茶茶区种植。抗寒性较弱，抗旱性较强。扦插繁殖力较强。

秀红

Camellia sinensis var. *assamica*（Masters）cv. *Xiuhong*

来　　源：由广东省农业科学院茶叶研究所从英红1号自然杂交后代中采用单株育种法育成的无性系，审定编号国审茶2002003。

形态特征：小乔木型，植株高大，树姿半开张，分枝较密；大叶类，叶长15.6cm、宽5.7cm，叶片稍上斜状着生，成熟叶椭圆形，深绿，富光泽，叶面隆起，叶身稍内折，叶缘微波状，叶尖渐尖，叶齿锐深，叶质厚软。新梢芽叶黄绿色，茸毛密度中等。花冠直径3.0～4.0cm，花瓣白色，子房茸毛中等，花柱3裂。

生长特性：中生种，原产地春茶一芽三叶期在3月下旬至4月上旬。新梢芽叶生育力和持嫩性强，一芽三叶百芽重120.0g。春茶一芽二叶干样约含水浸出物52.1%、氨基酸4.1%、茶多酚23.9%、咖啡碱4.2%。结实性中等。

生产性能：每667m²可产干茶120kg。适制红茶，品质优良。制红碎茶，颗粒紧结棕润，滋味浓烈鲜活，香气高锐显花香。适宜在华南和西南部分红茶茶区种植。抗寒性和抗旱性较强。扦插繁殖力较强。

鸿雁1号

Camellia sinensis（L.）*O. Kuntze cv. Hongyan 1*

来　　源：由广东省农业科学院茶叶研究所从铁观音自然杂交后代采用单株育种法育成的无性系，审定编号国品鉴茶2010022。

形态特征：灌木型，植株高大，树姿开张，分枝较密；中叶类，叶长12.2cm、宽4.2cm，叶片稍上斜状着生，成熟叶椭圆形，叶色深绿，叶面微隆，叶身平，叶缘微波状，叶尖渐尖，叶齿密浅，叶质较脆。新梢芽叶绿色带紫，茸毛稀。花冠直径3.0～3.3cm，花瓣白色，子房茸毛中等，花柱3裂。

生长特性：中生种，原产地春茶一芽三叶期在3月中旬。新梢芽叶生育力强，一芽三叶百芽重74.0g。春茶一芽二叶干样约含水浸出物50.7%、氨基酸2.1%、茶多酚23.7%、咖啡碱3.2%。结实性中等。

生产性能：每667m²可产干茶152kg。适制绿茶和乌龙茶，品质优良。制乌龙茶花香高浓持久，滋味浓爽滑口，汤色黄绿明亮，叶底嫩匀；制绿茶外形细秀翠绿，香气高爽，滋味浓醇爽口，汤色黄绿明亮。适宜广东、广西、湖南、福建等地种植。抗寒、抗旱、抗小绿叶蝉能力强。

鸿雁7号

Camellia sinensis（L.）*O. Kuntze cv. Hongyan 7*

来　　源：由广东省农业科学院茶叶研究所从八仙茶自然杂交后代采用单株育种法育成的无性系，审定编号国品鉴茶2010021。

形态特征：小乔木型，植株高大，树姿开张，分枝较密；中叶类，叶长13.5cm、宽4.0cm，叶片稍上斜状着生，成熟叶长椭圆形，叶色深绿，叶面微隆，叶身内折，叶缘波状，叶尖渐尖，叶齿较密，叶质较脆。新梢芽叶淡绿色，茸毛密度中等。花冠直径3.0～3.5cm，花瓣白色，子房茸毛中等，花柱3裂。

生长特性：中生种，原产地春茶一芽三叶期在3月中旬。新梢芽叶生育力强，一芽三叶百芽重164.0g。春茶一芽二叶干样约含水浸出物53.0%、氨基酸2.4%、茶多酚21.5%、咖啡碱3.2%。结实性中等。

生产性能：每667m²可产干茶163kg。适制绿茶和乌龙茶，品质优良。制乌龙茶花香浓郁高长，滋味浓爽含香；制绿茶嫩香高浓，滋味浓醇，汤色黄绿明亮。适宜广东、广西、湖南、福建等地种植。抗寒、抗旱、抗小绿叶蝉能力强。

鸿雁9号

Camellia sinensis（L.）O. Kuntze cv. *Hongyan 9*

来　　源： 由广东省农业科学院茶叶研究所从八仙茶自然杂交后代采用单株育种法育成的无性系，审定编号国品鉴茶2010019。

形态特征： 小乔木型，植株高大，树姿开张，分枝较密；中叶类，叶长13.7cm、宽4.1cm，叶片稍上斜状着生，成熟叶长椭圆形，叶色深绿，叶面隆起，叶身平，叶缘微波状，叶尖渐尖，叶齿较锐，叶质较脆。新梢芽叶淡绿色，茸毛密度中等。花冠直径3.0～3.3cm，花瓣白色，子房茸毛中等，花柱3裂。

生长特性： 中生种，原产地春茶一芽三叶期在3月中旬。新梢芽叶生育力强，一芽三叶百芽重136.0g。春茶一芽二叶干样约含水浸出物54.3%、氨基酸2.3%、茶多酚23.4%、咖啡碱3.0%。结实性中等。

生产性能： 每667m²可产干茶178kg。适制绿茶和乌龙茶，品质优良。制乌龙茶花香高浓持久，滋味浓爽滑口，汤色橙黄明亮，叶底嫩匀；制花香绿茶外形绿润，香气持久显花香，滋味浓醇含香，汤色叶底黄绿明亮。适宜广东、广西、湖南、福建等地种植。抗寒、抗旱、抗小绿叶蝉能力强。

鸿雁12号

Camellia sinensis（L.）*O. Kuntze cv. Hongyan 12*

来　　源： 由广东省农业科学院茶叶研究所从铁观音自然杂交后代采用单株育种法育成的无性系，审定编号国品鉴茶2010020。

形态特征： 灌木型，植株高大，树姿开张，分枝较密；中叶类，叶长9.4cm、宽3.6cm，叶片稍上斜状着生，成熟叶长椭圆形，叶色深绿，叶面微隆，叶身平，叶缘微波状，叶尖渐尖，叶齿密浅，叶质较硬脆。新梢芽叶绿色带紫，茸毛稀。花冠直径3.0～3.3cm，花瓣白色，子房茸毛中等，花柱3裂。

生长特性： 中生种，原产地春茶一芽三叶期在3月中旬。新梢芽叶生育力强，一芽三叶百芽重74.0g。春茶一芽二叶干样约含水浸出物52.5%、氨基酸2.1%、茶多酚23.2%、咖啡碱3.5%。结实性中等。

生产性能： 每667m²可产干茶145kg。适制绿茶和乌龙茶，品质优良。制乌龙茶花香高浓持久，滋味浓爽滑口，汤色黄绿明亮，叶底嫩匀；制花香绿茶外形绿润，香气持久带花香，滋味浓醇鲜爽，汤色和叶底绿明亮。适宜广东、广西、湖南、福建等地种植。抗寒、抗旱、抗小绿叶蝉能力强。

鸿雁13号

Camellia sinensis（L.）O. Kuntze cv. *Hongyan 13*

来　　源：由广东省农业科学院茶叶研究所从铁观音自然杂交后代中采用单株育种法育成的无性系，审定编号国品鉴茶2014010。

形态特征：灌木型，树姿半开张，分枝较密；中叶类，叶长11.7cm、宽4.2cm，成熟叶长椭圆形，叶色深绿，叶尖渐尖。新梢芽叶绿色，茸毛稀。花冠直径3.5～4.5cm，花瓣白色，子房茸毛中等，花柱3裂。

生长特性：中生种，原产地春茶一芽三叶期在3月中旬，新梢芽叶持嫩性强，一芽三叶百芽重72.0g。鲜叶（一芽二叶）含茶多酚21.8%、氨基酸2.2%、咖啡碱2.9%、水浸出物45.6%。结实性中等。

生产性能：每667m²可产干茶136kg。适制乌龙茶和绿茶，制乌龙茶，花香浓郁高长，汤色金黄明亮，滋味浓爽，口齿含香；制绿茶，花香高长持久，滋味浓醇鲜爽。适宜广东、广西、湖南、福建等地种植。抗旱、抗寒性较强。

白毛2号

Camellia sinensis var. *pubilimba* Chang cv. *Baimao 2*

来　　源：由广东省农业科学院茶叶研究所从九峰山乐昌白毛茶群体中采用单株育种法育成的无性系，审定编号国品鉴茶2010023。

形态特征：小乔木型，植株高大，树姿半开张，分枝较密；中叶类，叶长12.3cm、宽4.1cm，叶片稍上斜状着生，成熟叶椭圆形，叶色淡绿，叶面微隆，叶身内折，叶缘波状，叶尖渐尖，叶齿密浅，叶质较硬脆。新梢芽叶淡绿色，茸毛特密，花冠直径3.0~4.0cm，花瓣白色，子房茸毛多，花柱3裂。

生长特性：中生种，原产地春茶一芽三叶期在3月下旬。新梢芽叶生育力强，一芽三叶百芽重85.5g。春茶一芽二叶干样约含水浸出物51.5%、氨基酸2.4%、茶多酚20.0%、咖啡碱3.3%。结实性中等。

生产性能：每667m²可产干茶190kg。适制红茶、绿茶和乌龙茶，品质优良。制乌龙茶兰花香浓郁高长，滋味醇厚回甘；制银毫茶毫香高长，滋味浓醇爽口；制花香绿茶花香高长，滋味浓爽，汤色黄绿明亮；制金毫红茶，红碎茶表现滋味浓爽，汤色、叶底红亮。适宜广东、广西、湖南、福建等地种植。抗寒性中等。

云大淡绿

Camellia sinensis var. *assamica*（Masters）Kitamura cv. *Yunda Danlv*

来　　源：由广东省农业科学院茶叶研究所从云南大叶群体中采用单株育种法育成的无性系，审定编号国审茶2002005。

形态特征：乔木型，植株高大，树姿半开张，主干显，分枝中等；大叶类，叶长15.6cm、宽4.6cm，叶片水平状着生，成熟叶长椭圆形，叶色深绿，富光泽，叶面微隆起，叶身平，叶缘微波状，叶尖渐尖，叶齿钝浅，叶质较厚软。新梢芽叶黄绿色，茸毛稀。花冠直径3.0~4.0cm，花瓣白色，子房茸毛中等，花柱3裂。

生长特性：中生种，原产地春茶一芽三叶期在3月下旬至4月上旬。新梢芽叶生育力和持嫩性强，一芽三叶百芽重130.0g。春茶一芽二叶干样约含水浸出物53.8%、氨基酸4.6%、茶多酚18.3%、咖啡碱3.5%。结实性中等。

生产性能：每667m²可产干茶130kg。适制红茶，品质优良。制红碎茶，色泽棕褐油润，汤色红艳，滋味浓强，香气高长似花香。适宜在华南和西南部分红茶茶区种植。抗寒性较弱，扦插繁殖力较强。

岭头单丛

Camellia sinensis（L.）*O. Kuntze cv. Lingtou Dancong*

来　　源： 又名白叶单丛，由广东省潮州市饶平县坪溪镇岭头村农民和市县科技人员从凤凰水仙群体茶园中采用单株育种法育成的无性系，审定编号国审茶2002002。

形态特征： 小乔木型，植株较高大，树姿半开张，分枝中等；中叶类，叶长12.6cm、宽4.2cm，叶片稍上斜状着生，成熟叶长椭圆形，叶色黄绿，富光泽，叶面平，叶身内折，叶缘平，叶尖渐尖，叶齿钝浅，叶质较厚软。新梢芽叶黄绿色，茸毛稀，花冠直径3.0～4.0cm，花瓣白色，子房茸毛中等，花柱3裂。

生长特性： 中生种，原产地春茶一芽三叶期在3月中下旬。新梢芽叶生育力较强，一芽三叶百芽重121.0g。春茶一芽二叶干样约含水浸出物56.7%、氨基酸3.9%、茶多酚22.4%、咖啡碱2.7%。结实性中等。

生产性能： 每667m²可产干茶150kg。适制乌龙茶、红茶和绿茶。制乌龙茶花蜜香浓郁持久，有"微花浓蜜"特韵，滋味醇爽回甘，汤色橙黄明亮；制红茶、绿茶，滋味浓郁，香气特高，有特殊花香味。适宜在华南茶区种植。抗寒性强，扦插繁殖力强。

乐昌白毛茶

Camellia sinensis var. *pubilimba* Chang cv. *Lechang Baimao*

来　　源： 原产广东乐昌的群体种，全国茶树良种审定委员会认定的有性系国家良种，编号GS 13015-1985。

形态特征： 小乔木或乔木型，树姿直立或半开张，分枝较稀疏，叶片水平或上斜状着生；大叶类或中叶类，平均叶长15.2cm、宽4.1cm，成熟叶长椭圆或披针形，叶色绿或黄绿，富光泽，叶面平或微隆，叶身平或稍内折，叶缘平或波，叶尖渐尖，叶齿细浅，叶质厚脆。新梢芽叶绿或黄绿色，肥壮，茸毛特密。花冠直径3.5～4.5cm，花瓣白色，子房茸毛中等，花柱3裂。

生长特性： 中生种，原产地春茶一芽三叶期在3月下旬至4月上旬。一芽三叶百芽重130.0g。新梢芽叶生育力较强。春茶一芽二叶干样约含氨基酸1.6%、茶多酚21.2%、儿茶素总量22.6%、咖啡碱3.9%。结实性中等。

生产性能： 每667m²可产干茶190～230kg。适制红茶、绿茶、白茶，品质优良。制红茶，香气特高，滋味浓郁，汤呈"冷后浑"；制绿茶，白毫满披，尤宜制白毫银针、白云雪芽等；制白茶外形挺直，芽头肥硕，茶毫满披，滋味甘醇显花香。适宜广东、广西、湖南、福建、云南、贵州等地种植。抗寒性较强。结实性较弱。

英红九号

Camellia sinensis var. *assamica*（Masters）Kitamura cv. *Yinghong 9*

来　　源：由广东省农业科学院茶叶研究所从云南大叶群体中采用单株育种法育成的无性系，审定编号粤审茶1988010。

形态特征：乔木型，植株高大，树姿半开张，分枝较密；大叶类，叶长16.1cm、宽5.1cm，叶片稍上斜状着生，成熟叶特大，椭圆形，叶色淡绿，富光泽，叶面隆起，叶身稍内折，叶缘波状，叶尖渐尖，叶齿深锐，叶质厚软。新梢芽叶黄绿色，茸毛稀。花冠直径3.0～3.5cm，花瓣白色，子房有茸毛，花柱3裂。

生长特性：中生种，原产地春茶一芽三叶期在3月下旬。新梢芽叶生育力和持嫩性强，一芽三叶百芽重130.0g。春茶一芽二叶干样约含水浸出物55.2%、氨基酸3.2%、茶多酚21.3%、咖啡碱3.6%。结实率中等。

生产性能：每667m²可产干茶达230kg。适制红茶，品质优良。红条茶色泽油润，香气高锐持久，汤色红明透亮，滋味浓醇滑口；制金毫茶，茸毛密披，香气清幽如兰，滋味鲜浓。适宜在华南红茶茶区种植。抗寒性较弱，扦插繁殖力较强。

丹霞1号

Camellia sinensis var. *pubilimba* Chang cv. *Danxia 1*

来　　源：由广东省农业科学院茶叶研究所、仁化县农业局、谢和安从白毛茶野生群体自然变异株中选育而成的无性系，审定编号粤审茶2011001。

形态特征：小乔木型，树姿半开张，分枝较密；中叶类，叶长11.7cm、宽4.7cm，叶片上斜状着生，成熟叶长椭圆形，叶色深绿，叶背茸毛密而厚，叶面微隆稍内折，叶脉明显，叶缘平，叶齿密锐，叶尖渐尖，叶质厚硬。新梢芽叶绿色微带紫，肥壮，茸毛特密而长，色泽洁白，一芽三叶长9.5cm。花冠直径3.0～3.5cm，花瓣白色，子房有茸毛，花柱3裂。

生长特性：早生种，原产地3月上旬萌动，3月中旬开采。夏秋季新梢质地偏硬、持嫩性欠佳，新梢芽叶生育力较强，一芽三叶百芽重157.7g。春茶一芽二叶干样约含水浸出物46.3%、氨基酸4.1%、茶多酚20.8%、咖啡碱3.4%。

生产性能：每667m²产干茶169kg。适制名优红、白茶。制红茶外形秀丽，金毫满披，复合玫瑰香带肉桂香和兰花香浓郁持久，滋味浓爽，汤色红亮；制白茶外形壮直，芽头肥硕，白毫满披、洁白，汤色杏黄明亮，滋味鲜爽浓醇、回甜。适宜在广东、广西、云南、贵州、海南等大叶种茶区种植。抗逆性强。

丹霞2号

Camellia sinensis var. *pubilimba* Chang cv. *DanXia 2*

来　　源：由广东省农业科学院茶叶研究所、红山镇人民政府、谢火生从白毛茶野生群体自然变异株中选育而成的无性系，审定编号粤审茶2011002。

形态特征：小乔木型，树姿半开张；中叶类，叶片上斜状着生，叶长11.3cm、宽4.9cm，成熟叶长椭圆形，叶色绿，叶背茸毛密而厚，叶面微隆，叶身稍背卷，叶缘微波，叶尖渐尖，叶齿密浅，叶质硬。花冠直径3.0～3.5cm，花瓣白色，子房有茸毛，花柱3裂。

生长特性：早生种，原产地最早一批春茶3月上旬萌动，3月下旬开采。新梢芽叶生育力强，绿色或黄绿色，肥壮，茸毛特密，色泽洁白，一芽三叶长8.5cm，一芽三叶百芽重162.3g。春茶一芽二叶干样约含水浸出物45.5%、氨基酸3.8%、茶多酚18.9%、咖啡碱3.7%。结实性较弱。

生产性能：每667m²可产干茶178kg。适制名优红茶、白茶。制红茶外形秀丽，金毫厚披，复合玫瑰香带兰花香浓郁持久，滋味浓爽芬芳，汤色铜红明亮；制白茶外形挺直，芽头肥硕，白毫洁白厚披，汤色杏黄明亮，滋味浓醇回甜。适宜在广东、广西、云南、贵州、海南等大叶种茶区种植。抗逆性强，扦插繁殖率低，宜嫁接繁殖。

乌叶单丛

Camellia sinensis（L.）*O. Kuntze cv. Wuye Dancong*

来　　源：由广东省农业科学院茶叶研究所、凤凰镇人民政府从凤凰水仙群体茶树群落自然变异株中系统选育而成的无性系，审定编号粤审茶2003001。

形态特征：小乔木型，树姿开张，分枝较密；中叶类，叶长14.5cm、宽3.6cm，叶片上斜状着生，成熟叶长椭圆形，叶色深绿，叶面微隆且内折，叶缘波状，叶齿钝而稀浅，叶尖渐尖，叶基楔形，叶质厚且脆。新梢芽叶黄绿色，茸毛稀。花冠直径3.0～3.5cm，花瓣白色，子房无茸毛，花柱3裂。

生长特性：晚生种，原产地一芽三叶盛期5月中旬。一芽三叶长7.5cm，一芽三叶百芽重110.0g。一芽二叶蒸青样约含水浸出物49.7%、氨基酸4.4%、茶多酚17.8%、咖啡碱3.4%。结实率中等。

生产性能：每667m²可产干茶83.6kg。适制高档乌龙茶和红茶。制乌龙茶，外形条索紧直匀整，色黑褐，油润有光泽，香气高锐持久，栀子花香明显，滋味醇爽，回甘强，蜜韵明显，耐冲泡，汤色金黄明亮；制高档红茶，外形紧结乌润，花香浓郁持久，滋味浓厚鲜爽显甜韵，汤色深红明亮带金圈。适宜在华南茶区种植。抗逆性强，抗虫性强。

黑叶水仙

Camellia sinensis（L.）O. Kuntze cv. *Heiye Shuixian*

来　　源： 由广东省农业科学院茶叶研究所从凤凰水仙群体中采用单株育种法育成的无性系，审定编号粤审茶1988011。

形态特征： 小乔木型，植株高大，树姿半开张，分枝较密；中叶类，叶长11.2cm、宽3.9cm，叶片稍上斜状着生，成熟叶披针形，叶色深绿，富光泽，叶面平，叶身内折，叶缘平，叶尖渐尖，叶齿钝浅，叶质厚较硬。花冠直径3.0～4.0cm，花瓣白色，子房茸毛少，花柱3裂。

生长特性： 中生种，原产地春茶一芽三叶期在4月上旬。新梢芽叶生育力和持嫩性强，新梢芽叶淡绿色，茸毛稀，一芽三叶百芽重142.1g。春茶一芽二叶干样约含水浸出物52.5%、氨基酸3.8%、茶多酚19.8%、咖啡碱3.7%。结实性中等。

生产性能： 每667m²可产干茶220kg。适制红茶、绿茶和乌龙茶。制红碎茶，色泽棕润，香气高爽，滋味鲜爽；制绿茶，色泽翠绿，滋味醇厚；制乌龙茶，汤色黄亮，滋味清爽显花香。适宜在广东茶区种植。抗寒、抗旱性强。扦插繁殖力较强。

黄叶水仙

Camellia sinensis（L.）O. Kuntze cv. *Huangye Shuixian*

来　　源：由广东省农业科学院茶叶研究所从凤凰水仙群体中采用单株育种法育成的无性系，审定编号粤审茶1988012。

形态特征：小乔木型，植株高大，树姿半开张，分枝较密；中叶类，叶长12.4cm、宽4.2cm，叶片稍上斜状着生，成熟叶披针形，叶色黄绿，富光泽，叶面平，叶身内折，叶缘平，叶尖渐尖，叶齿钝浅，叶质柔软。新梢芽叶黄绿色，茸毛稀。花冠直径4.0cm，花瓣白色，子房茸毛少，花柱3裂。

生长特性：中生种，原产地春茶一芽三叶期在3月中下旬。新梢芽叶生育力和持嫩性强，一芽三叶百芽重106.4g。春茶一芽二叶干样约含水浸出物56.0%、氨基酸3.1%、茶多酚21.5%、咖啡碱3.4%。

生产性能：每667m²产干茶约200kg。适制红茶、绿茶和乌龙茶。制红碎茶，颗粒乌黑油润重实，香气高爽，滋味浓强；制绿茶，外形细秀，滋味醇厚，香气纯正；制乌龙茶，汤色黄亮，滋味醇厚显香。适宜在广东茶区种植。抗寒、抗旱性强。扦插繁殖力较强。

凤凰八仙单丛

Camellia sinensis（L.）*O. Kuntze cv. Fenghuang Baxian Dancong*

来　　源：由广东省农业科学院茶叶研究所、广东省农业厅经作处、凤凰镇人民政府从凤凰水仙群体中采用单株育种法育成的无性系，审定编号粤审茶2009001。

形态特征：小乔木型，植株较高大，树姿半开张，分枝中等；中叶类，叶长12.1cm、宽3.9cm，叶片稍上斜状着生，成熟叶长椭圆形，叶色深绿，富光泽，叶面微隆，叶身背卷，叶缘波状，叶尖钝尖，叶齿浅密，叶质厚稍脆。新梢芽叶黄绿色，茸毛稀。花瓣白色，子房茸毛少，花柱3裂。

生长特性：晚生种，原产地春茶一芽三叶期在5月上旬。芽叶生育力较强，一芽三叶百芽重110.0g。春茶一芽二叶干样约含水浸出物47.5%、氨基酸3.7%、茶多酚17.5%、咖啡碱3.0%。

生产性能：每667m²产干茶150kg。制乌龙茶芝兰花香高锐浓郁，滋味醇爽、回甘力强。抗寒性强，扦插繁殖力中等。适宜在广东茶区种植。海拔800～1 000m茶区优先种植。

凤凰黄枝香单丛

Camellia sinensis（L.）O. Kuntze cv. *Fenghuang Huangzhixiang Dancong*

来　　源：由广东省农业厅经作处、潮州市林业局、凤凰镇人民政府从凤凰水仙群体名丛中系统选育
而成的无性系，审定编号粤审茶2000001。

形态特征：小乔木型，植株较高大，树姿半开张，分枝中等；中叶类，叶长11.6cm、宽3.8cm，叶片
稍上斜状着生，成熟叶长椭圆形，叶色黄绿，富光泽，叶面微隆，叶身内折，叶缘平，叶
尖钝尖，叶齿浅锐，叶质厚软。新梢芽叶黄绿色，茸毛稀。花冠直径3.0～4.0cm，花瓣白
色，6～8瓣，子房有茸毛，花柱3裂。

生长特性：晚生种，原产地一芽三叶期在4月下旬。芽叶生育力较强，一芽三叶百芽重126.7g。春茶一
芽二叶干样约含水浸出物52.8%、氨基酸3.0%、茶多酚21.9%、咖啡碱3.4%。

生产性能：每667m²产干茶150kg。适制乌龙茶。制乌龙茶花蜜香浓郁持久，栀子花香明显，汤色橙黄
明亮，滋味浓醇回甘。适宜在广东茶区种植，海拔600～800m茶区优先种植。抗寒性强，
扦插繁殖力中等。

乐昌白毛1号

Camellia sinensis var. *pubilimba* Chang cv. *Lechang baimao 1*

来　　源： 由广东省乐昌农场从乐昌白毛茶群体中采用单株育种法育成的无性系，审定编号粤审茶1988008。

形态特征： 小乔木型，树姿半开张，分枝中等；中叶类，叶长11.3cm、宽4.3cm，叶片水平状着生。成熟叶叶椭圆形，叶色黄绿，富光泽，叶面平，叶身稍内折，叶缘微波，叶尖渐尖，叶齿钝浅，叶质厚较脆。新梢芽叶黄绿色，茸毛特密。花冠直径3.0～4.0cm，花瓣白色，子房茸毛中等，花柱3裂。

生长特性： 中生种，原产地春茶一芽三叶期在3月下旬至4月上旬。新梢芽叶生育力较强，一芽三叶百芽重86.0g。春茶一芽二叶干样约含氨基酸2.7%、茶多酚21.3%、咖啡碱3.0%、水浸出物56.3%。

生产性能： 每667m²可产干茶120kg。适制红茶、绿茶、白茶。制白茶，色白如银，条索粗壮，兰花香高长，滋味浓醇。抗寒性和抗旱性较强。适宜在广东海拔300m以上的中高山茶区种植。扦插繁殖力中等。

粤茗1号

Camellia sinensis var. *assamica*（Masters）Kitamura cv. *Yueming 1*

来　　源： 由广东省农业科学院茶叶研究所从收集的肯尼亚大叶群体经系统选育而成的无性系，国家植物新品种权号CNA20181230.6。

形态特征： 小乔木型，植株较高大，主干明显，树姿半开张，分枝较密；大叶类，叶长18.6cm、宽6.2cm，叶呈上斜状着生或平生，叶片呈椭圆形，叶色绿色，叶面隆起，叶身平，叶质柔软，叶齿钝而深，叶基为楔形，叶尖急尖，叶缘平。新梢芽叶绿色，茸毛密度中等。花冠直径5.5cm，花瓣白色，子房茸毛中等，花柱3裂。

生长特性： 早生种，原产地春茶一芽三叶期在3月上旬。新梢芽叶生育力较强，一芽三叶百芽重222.0g。春茶一芽二叶干样约含茶多酚24.4%、氨基酸4.4%、茶多糖3.1%、咖啡碱3.1%、水净出物40.4%，EGCG含量高（10.3%），系高EGCG种质。结实率中等。

生产性能： 适制红茶。用其一芽二叶制成的红茶外形紧结壮实，乌润显毫，汤色红艳明亮，麝香浓郁持久，滋味甜醇浓厚。适宜在华南、西南大叶种红茶产区种植。扦插繁殖力中等。

粤茗2号

Camellia sinensis var. assamica（Masters）Kitamura cv. *Yueming 2*

来　　源：由广东省农业科学院茶叶研究所以英红1号和乐昌白毛茶进行人工杂交经系统选育而成的无性系，国家植物新品种权号CNA20181231.5。

形态特征：小乔木型，树姿直立，主干显，分枝中等；大叶类，叶长15.4cm、宽5.5cm，叶片呈上斜状着生，长椭圆形，叶色深绿，富光泽，叶面平或隆起，叶身平，叶缘波状，叶尖渐尖，叶齿浅。新梢芽叶黄绿色，茸毛密度中等。花冠直径3.0cm，花瓣白色，花柱3裂。

生长特性：中生种，原产地一芽三叶期为3月下旬。新梢芽叶生育力较强，持嫩性强，一芽三叶百芽重145.0g。春茶一芽二叶蒸青样约含茶多酚19.8%、氨基酸3.0%、咖啡碱2.3%、可溶性糖2.9%、水浸出物41.6%。结实率中等。

生产性能：适制红茶。用其一芽二叶制成的红茶外形紧结乌润，芽尖显毫，汤色红亮，甜香薄荷气细长持久，滋味浓厚鲜爽。适宜在华南、西南茶叶产区种植。抗寒性较强，扦插繁殖力中等。

粤茗4号

Camellia sinensis var. *assamica*（Masters）Kitamura cv. *Yueming 4*

来　　源：由广东省农业科学院茶叶研究所从英红1号和安溪水仙杂交后代中经系统选育而成的无性系，国家植物新品种权号CNA20181233.3。

形态特征：小乔木型，树姿半开张，主干显，分枝密；大叶类，叶长15.6cm、宽5.7cm，叶片椭圆形，叶色深绿有光泽，叶面微隆，叶身稍后卷，叶质柔软，叶齿锐浅且密度中等，叶基楔形，叶尖渐尖，叶缘平。新梢芽叶绿色，茸毛稀。花冠直径3.0cm，花瓣白色。

生长特性：早生种，原产地春茶一芽三叶期为3月上旬。一芽三叶百芽重109.2g。春茶一芽二叶蒸青样约含茶多酚21.5%、氨基酸4.2%、咖啡碱3.8%、可溶性糖4.8%、水浸出物51.2%。

生产性能：适制红茶。一芽二叶加工成的红茶外形紧结、乌润匀整；花甜香、微薄荷气清长持久；滋味清甜，带阿萨姆风格，浓醇鲜爽饱满；汤色橙红清澈明亮。适宜在华南、西南茶叶产区种植。抗寒性强，扦插繁殖力强。

可可茶1号

Camellia sinensis var. *ptilophylla* Chang cv. *Kekecha 1*

来　　源：由中山大学、广东省农业科学院茶叶研究所从广东南昆山毛叶茶群体的可可茶野生植株选育获得的无性系，国家植物新品种权号20080020。

形态特征：乔木型，植株高大，树势半开张，分枝较密；大叶类，叶长15.7cm、宽5.4cm，叶半上斜，革质，厚，长椭圆形，先端短尖，尖头钝，基部楔形，叶上面深绿色，叶下面干后灰绿色，有贴伏浅黄色短柔毛，中脉与侧脉在两面皆明显隆起，侧脉9～12对，叶缘波状，锯齿较浅。新梢芽叶绿色，披灰白色柔毛，顶芽细锥形，长5.0～7.0mm；花1～2朵腋生，花柄长5.0～8.0mm，有浅黄色柔毛。

生长特性：晚生种，原产地春茶一芽三叶期为4月中旬。一芽三叶百芽重210.0g。春茶一芽二叶蒸青样约含茶多酚19.9%、氨基酸2.7%、可溶性糖4.1%、水浸出物55.4%、可可碱4.5%，咖啡碱未检出，为天然只含可可碱、不含咖啡碱的特异茶树品种。

生产性能：新梢芽叶含可可碱，不含咖啡碱，不会兴奋神经，不影响入睡。适制乌龙茶和红茶。制红茶，条索紧结粗壮，油润度好，满身披毫，具有独特花果香，芬芳持久，汤色红浓明亮，滋味浓厚鲜强；制乌龙茶，有花果香，馥郁丰富，汤色金黄明亮，滋味醇浓爽口，回甘持久。适宜在广东茶区种植。扦插繁育难度大。

可可茶2号

Camellia sinensis var. *ptilophylla* Chang cv. *Kekecha 2*

来　　源：由广东省农业科学院茶叶研究所、中山大学从广东南昆山毛叶茶群体的可可茶野生植株选育获得的无性系国家植物新品种权号20080021。

形态特征：乔木型，植株高大，有明显的主干，树势半开张，分枝密；大叶类，叶长16.3cm、宽5.6cm，嫩枝有浅黄色短柔毛；叶半上斜，叶稍内折，叶色浅绿，叶质常柔软，叶肉较厚，革质，厚，长椭圆形，先端短尖或渐尖，尖头钝，基部楔形。新梢芽叶黄绿色，顶芽细锥形，长5.0～7.0mm，密被浅黄色柔毛。花1～2朵腋生，花柄长5.0～8.0mm，有浅黄色柔毛。

生长特性：中生种，原产地春茶一芽三叶期为3月中旬。一芽三叶百芽重200.0g。春茶一芽二叶蒸青样约含茶多酚24.5%、氨基酸2.0%、可溶性糖4.3%、水浸出物55.2%、可可碱4.5%，咖啡碱未检出，为天然只含可可碱、不含咖啡碱的特异茶树品种。结实率低。

生产性能：新梢芽叶含可可碱，不含咖啡碱，不会兴奋神经，不影响入睡。适制红茶，汤色红艳明亮，香气为果香型，滋味浓强鲜爽。适宜在广东茶区种植，扦插繁育难度大。

优异新品系

丹妃
红妃
奇兰2号
粤茗5号
苦茶1号

苦茶6号
丹霞5号
丹霞8号
丹霞9号

粤茗6号
粤茗7号
粤茗8号
黄玉

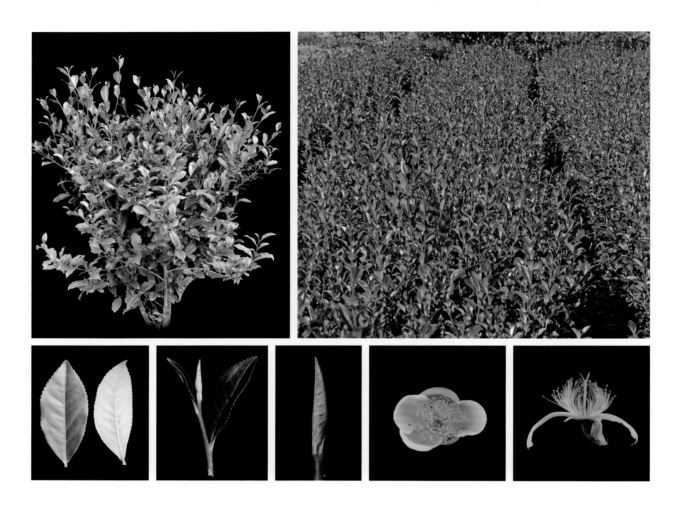

丹妃

Camellia sinensis（L.）*O. Kuntze cv. Danfei*

来　　源：由广东省农业科学院茶叶研究所从凤凰水仙有性群体自然变异单株中经系统选育而成的无性系。

形态特征：小乔木型，树姿半开张，分枝较密，新梢芽叶上斜状着生；中叶类，叶长9.6cm、宽4.0cm，叶形长椭圆，叶色深绿，叶身稍内折，叶面微隆，叶齿深锐密，叶尖钝尖，叶缘平。新梢幼茎和顶端芽头、幼嫩新梢芽叶常年呈深紫红色，茸毛稀。花冠直径3.5～4.0cm，花瓣白色。

生长特性：中生种，原产地开采期为3月中旬，新梢芽叶生长较粗壮，持嫩性强。一芽三叶百芽重75.0g，春茶一芽二叶蒸青样约含茶多酚26.5%、氨基酸3.2%、咖啡碱4.3%、可溶性糖4.6%、水浸出物43.6%，花青素含量高（2.4%）。

生产性能：适制绿茶、白茶和红茶。绿茶色泽乌紫光润、紧结，茶汤紫红透亮，花香栗香浓郁带果香，滋味鲜爽甜醇显果香、稍带涩味，叶底呈蓝绿色；制白茶花果甜香浓郁高长，滋味甜醇鲜爽、花果香浓郁。适宜在华南、西南、东南、华东茶区种植。抗寒、抗病能力中等，扦插繁殖力较强。

红妃

Camellia sinensis var. *assamica*（Masters）Kitamura cv. *Hongfei*

来　　源：由广东省农业科学院茶叶研究所从云南大叶有性群体自然变异单株中经系统选育而成的无性系。

形态特征：小乔木型，树姿半开张，分枝较密；中叶类，叶长11.7cm、宽4.2cm，叶上斜状着生，叶形窄椭圆形，叶色深绿，叶身稍内折，叶面微隆，叶齿深锐密，叶尖渐尖，叶缘微波，叶脉10对。新梢芽叶紫红色，茸毛密。花冠直径3.5～4.0cm，花瓣白色。

生长特性：中生种，原产地开采期为3月中旬，新梢芽叶生长较粗壮，持嫩性强，一芽三叶百芽重80.0g。春茶一芽二叶蒸青样约含茶多酚27.4%、氨基酸2.5%、咖啡碱3.8%、可溶性糖4.6%、水浸出物36.8%，花青素含量高（2.5%）。

生产性能：适制绿茶，干茶色泽乌紫光润、紧结、匀整，茶汤红粉透亮，滋味鲜爽甜醇显果香、稍带涩味，叶底柔嫩匀齐。适宜在华南、东南、西南茶区种植。抗寒性弱，扦插繁殖力较强。

奇兰2号

Camellia sinensis（L.）O. Kuntze cv. Qilan 2

来　　源： 由广东省农业科学院茶叶研究所从大叶奇兰有性群体自然变异单株中经系统选育而成的无性系。

形态特征： 灌木型，树姿半开张，分枝较密；中叶类，叶长12.4cm、宽4.6cm，叶片上斜状着生，叶椭圆形，叶色绿色，叶身稍背卷，叶面平，叶齿锐浅且密度中等，叶尖钝尖，叶缘平，叶脉7～9对。新梢芽叶绿色，茸毛稀。花单生，花柄长4.0～8.0mm，花冠直径3.2～3.7cm，花瓣白色。

生长特性： 早生种，开采期为3月上旬。持嫩性强，一芽三叶百芽重92.0g。春茶一芽二叶蒸青样约含茶多酚27.3%、氨基酸3.2%、咖啡碱3.7%、可溶性糖4.1%、水浸出物50.3%，EGCG含量高（13.7%）。

生产性能： 适制乌龙茶、红茶。制乌龙茶，具有独特浓郁兰花香，制红茶，表现果甜香浓郁持久，品质优异。适宜在华南、西南、东南茶区种植。抗寒性中等，扦插繁殖力强。

粤茗5号

Camellia sinensis var. *pubilimba* Chang cv. *Yueming 5*

来　　源：由广东省农业科学院茶叶研究所从凌云白毛有性群体自然变异单株中经系统选育而成的无性系。

形态特征：小乔木型，树姿半开张，分枝较密，叶片上斜状着生；大叶类，叶长16.2cm、宽4.9cm，成熟叶长椭圆形，叶色绿色，叶身稍背卷，叶面隆起，叶齿锐密深，叶尖渐尖，叶缘平。新梢芽叶绿色，茸毛较密。花冠直径3.7~4.1cm，花瓣白色。

生长特性：早生种，开采期为3月上旬。生长势较强，持嫩性强，一芽三叶百芽重132.2g。春茶一芽二叶蒸青样约含茶多酚28.7%、氨基酸8.7%（其中茶氨酸含量高达4.1%，为高茶氨酸资源）、咖啡碱2.6%、可溶性糖3.7%、水浸出物48.6%。

生产性能：适制红茶、白茶。制红茶甜香花香浓郁，滋味鲜爽醇厚；制白茶毫香花香浓郁，鲜醇清甜。适宜在大叶种红茶茶区种植。抗寒性中等，抗旱性强，扦插繁殖力强。

苦茶1号

Camellia sinensis var. *kucha* Chang et Wang cv. *Kucha 1*

来　　源： 由广东省农业科学院茶叶研究所从云南苦茶群体中筛选出的无性系。

形态特征： 乔木型，树姿半开张，分枝稀；大叶类，叶长16.2cm、宽5.7cm，叶片中等椭圆形，斜向上着生，叶色深绿色，叶面隆起，叶身内折，叶基楔形，叶尖渐尖，叶缘波。新梢芽叶浅绿色，芽头粗壮，茸毛密。花冠4.5~5.0cm，花瓣白色，雌蕊高于雄蕊，花柱3裂，分裂位置低。

生长特性： 早生种，广东英德一芽三叶期为2月中旬。春茶一芽二叶干样约含水浸出物40.1%、氨基酸2.3%、茶多酚31.6%、咖啡碱1.7%、可溶性糖3.1%，苦茶碱含量高（2.2%）。结实率较低。

生产性能： 适制绿茶、红茶。制绿茶味极苦，因叶片苦茶碱含量高，具有较好的消炎、抑制肿瘤等功效。扦插繁育力低，宜嫁接繁殖。

苦茶6号

Camellia sinensis var. *kucha* Chang et Wang cv. Kucha 6

来　　源：由广东省农业科学院茶叶研究所从仁化苦茶群体中经系统选育而成无性系。

形态特征：小乔木型，树姿开张，分枝较稀，上斜状着生；大叶类，叶长15.4cm、宽5.6cm，成熟叶中等椭圆形，叶色绿色，叶身内折，叶面微隆，叶齿中浅，叶尖急尖，叶基楔形，叶缘平。新梢芽叶黄绿色，茸毛稀。花单生，花冠直径3.3～3.7cm，花形为单瓣花，花瓣白色，雌蕊高于雄蕊，花柱3裂，分裂位置中。

生长特性：中生种，开采期为3月上旬。新梢芽叶生长势中等，持嫩性强，一芽三叶百芽重145.3g。春茶一芽二叶蒸青样约含茶多酚25.6%、氨基酸2.4%、咖啡碱2.4%、可溶性糖3.3%、水浸出物51.1%，苦茶碱含量高（1.9%）。结实率低。

生产性能：制绿茶，滋味极苦，有较好消炎杀菌的效果。适宜在华南茶区种植。抗逆性中等，扦插繁殖率低，宜嫁接繁殖。

丹霞5号

Camellia sinensis var. *pubilimba* Chang cv. *Danxia 5*

来　　源：由广东省农业科学院茶叶研究所和仁化县茶叶科技人员从野生仁化白毛茶群体经系统选育而成的无性系。

形态特征：小乔木型，树姿半开张，分枝密，上斜状着生；大叶类，叶长14.6cm、宽6.0cm，成熟叶深绿色，呈长椭圆形，叶身稍背卷，叶面隆起，叶齿锐疏浅，叶缘微波。新梢芽叶挺直饱满，紫绿色，茸毛满披。花冠直径3.5cm，花瓣白色，花柱3浅裂。

生长特性：中生种，开采期为3月中旬，发芽密度中等。一芽三叶百芽重160.5g。春茶一芽二叶蒸青样约含茶多酚25.9%、氨基酸4.4%、咖啡碱2.7%、可溶性糖2.3%、水浸出物49.8%。结实性较弱。

生产性能：每667m²产干茶约150kg。适制白茶、红茶。白茶具有浓郁持久的玉兰花香，芽尖纤直茸毛银白润亮，汤色杏黄明亮，滋味甜醇鲜爽、馥郁饱满；红茶条索紧细匀整有锋苗，金毫满披，茸毛金红鲜亮，杉木甜香、花香、毫香清长持久，汤色橙红明亮，滋味甜醇鲜爽、馥郁饱满。抗寒、抗旱、抗病能力中等，扦插繁殖力强，不宜嫁接繁殖。

丹霞8号

Camellia sinensis var. *pubilimba* Chang cv. *Danxia 8*

来　　源：由广东省农业科学院茶叶研究所和仁化县茶叶科技人员从野生仁化白毛茶群体经系统选育而成的无性系。

形态特征：小乔木型，树姿半开张；中叶类，叶长12.4cm、宽3.5cm，叶片上斜状着生，披针形，叶色绿，叶面平，叶身内折，叶缘波，叶尖渐尖，叶齿锐中，叶质硬。新梢嫩叶淡紫绿色，芽头纤直，满披茸毛。花冠直径3.5～4.0cm，花瓣白色，花柱3浅裂。

生长特性：中生种，原产地开采期为3月下旬。新梢芽叶生育力强，一芽三叶百芽重105.5g。春茶一芽二叶干样约含水浸出物49.5%、氨基酸4.0%、茶多酚22.1%、可溶性糖2.4%、咖啡碱3.2%。结实性中等。

生产性能：每667m²产干茶约150kg。适制名优红茶、白茶。制红茶条索紧细匀整有锋苗，金毫满披，复合玫瑰香带药香浓郁持久，滋味浓爽鲜爽，汤色深红明亮；制白茶，芽尖纤直，白毫洁白满披，汤色杏黄明亮，滋味甜醇鲜爽、馥郁芬芳显玉兰花香。适宜在华南、西南、华中地区种植。抗寒、抗旱、抗病性较强，扦插成活率高。

丹霞9号

Camellia sinensis var. *pubilimba* **Chang cv. *Danxia 9***

来　　源：由广东省农业科学院茶叶研究所和仁化县茶叶科技人员从野生仁化白毛茶野生群体经系统选育而成的无性系。

形态特征：小乔木型，树姿半开张，分枝密，上斜状着生；大叶类，叶长12.1cm、宽4.2cm，成熟叶深绿色，呈长椭圆形，叶面平，叶齿锐疏浅，叶缘微波。新梢芽叶淡绿色，芽头纤直，茸毛满披。花单生，花瓣白色，花柱3裂。

生长特性：中生种，原产地开采期为3月中旬，发芽密度中等。一芽三叶百芽重135.5g。春茶一芽二叶蒸青样约含茶多酚23.9%、氨基酸6.4%、咖啡碱2.7%、可溶性糖2.3%、水浸出物48.8%。结实性较弱。

生产性能：每667m²产干茶约150kg。适制白茶、红茶。白茶具有浓郁持久的玉兰花香和奶甜香，芽头肥壮茸毛银白润亮，叶底翠绿，汤色杏黄明亮，滋味甜醇鲜爽；红茶条索紧实匀整有锋苗，金毫满披，茸毛金红鲜亮，兰花香清长持久，汤色红艳明亮，滋味浓醇鲜爽。适宜在华南、西南茶区种植。抗寒、抗旱、抗病能力中等，扦插繁殖力较强。

粤茗6号

Camellia sinensis（L.）O. Kuntze cv. *Yueming 6*

来　　源：由广东省农业科学院茶叶研究所从有性奇兰群体经系统选育而成的无性系。

形态特征：小乔木型，树姿半开张，分枝中等，上斜状着生；中叶类，叶长11.4cm、宽5.0cm，成熟叶深绿色，呈椭圆形，叶脉对数7~9对，叶身内折，叶面平，叶齿锐疏浅，叶缘微波，叶尖钝尖。新梢芽叶黄绿色，茸毛稀。花冠直径3.5~4.0cm，花瓣白色，花柱3裂。

生长特性：早生种，原产地开采期为3月中旬。新梢芽叶生育力较强，一芽三叶百芽重100.6g。春茶一芽二叶蒸青样约含茶多酚21.2%、氨基酸2.1%、咖啡碱2.9%、可溶性糖4.7%、水浸出物46.9%。

生产性能：每667m²产干茶约150kg。适制乌龙茶、红茶。制乌龙茶兰花香高锐持久显蜜韵；制红茶，外形紧结乌润，滋味甜醇鲜爽、花果香浓郁持久，汤色深红明亮。适宜在华南茶区种植。抗寒性中等，扦插繁殖力强。

粤茗7号

Camellia sinensis var. *assamica*（Masters）Kitamura cv. *Yueming 7*

来　　源：由广东省农业科学院茶叶研究所从祁门种和英红2号杂交后代中经系统选育而成的无性系。

形态特征：小乔木型，树姿半开张，主干显，分枝密，上斜状着生；中叶类，叶长11.7cm、宽4.6cm，成熟叶片呈长椭圆形，叶色浅绿有光泽，叶面隆起，叶身内折，叶质柔软，叶齿锐而稀浅，叶基为楔形，叶尖急尖，叶缘平。新梢芽叶黄绿色，茸毛密度中等。花冠直径4.5cm，花瓣白色。

生长特性：早生种，原产地开采期为3月上旬。生长势强，新梢芽叶持嫩性强，一芽三叶百芽重142.5g。春茶一芽二叶蒸青样约含茶多酚19.9%、氨基酸2.9%、咖啡碱3.4%、可溶性糖4.6%、水浸出物40.2%。

生产性能：适制红茶，干茶外形紧结、乌润匀整，香气甜香明显带花香，滋味醇和，汤色橙红明亮。适宜在华南茶区种植，抗寒性中等，扦插繁殖力强。

粤茗8号

Camellia sinensis* var. *assamica*（Masters）Kitamura cv. *Yueming 8

来　　源：由广东省农业科学院茶叶研究所从黄叶水仙和英红九号杂交后代中经系统选育而成的无性系。

形态特征：小乔木型，树姿开张，分枝密，稍上斜状着生；中叶类，叶长11.4cm、宽4.7cm，叶片呈椭圆形，叶色深绿色有光泽，叶面平，叶身平展，叶质中等柔软，叶齿锐而稀浅，叶基为楔形，叶尖渐尖，叶缘平，叶脉7～10对。新梢芽叶浅绿色，茸毛密度中等。花单生，花形为单瓣花，花瓣白色，花柱3裂。

生长特性：中生种，原产地开采期为3月下旬。生长强势，一芽三叶百芽重167.0g。春茶一芽二叶蒸青样约含茶多酚19.1%、氨基酸2.8%、咖啡碱3.3%、可溶性糖4.6%、水浸出物40.0%。

生产性能：适制红茶。外形紧实乌润显毫，香气果甜香带花香浓郁，滋味醇和鲜爽，汤色橙红明亮。适宜在华南茶区种植。抗寒性中等。

黄玉

Camellia sinensis var. *assamica*（Masters）Kitamura cv. *Huangyu*

来　　源：由广东省农业科学院茶叶研究所从英红九号黄化突变枝条扩繁而来的无性系。

形态特征：小乔木型，植株高大，树姿半开张，分枝较密，稍上斜状着生；大叶类，叶长15.8cm、宽5.3cm，叶片椭圆形，叶色黄绿，富光泽，叶面隆起，叶身稍内折，叶缘波状，叶尖渐尖，叶齿深锐，叶质厚软。新梢芽叶黄绿色，茸毛稀。花冠直径3.5～4.0cm，花瓣白色，子房有茸毛，花柱3裂。

生长特性：中生种，原产地一芽三叶期在3月下旬。新梢芽叶生育力和持嫩性强，一芽三叶百芽重130.0g。春茶一芽二叶干样约含水浸出物55.2%、氨基酸3.2%、茶多酚21.3%、咖啡碱3.6%。

生产性能：每667m²可产干茶达230kg。适制红茶。干茶色泽油润，香气高锐持久，汤色红明透亮，滋味浓醇滑口。抗逆性弱，扦插繁殖力较弱，适宜嫁接繁育。

人工杂交创制种质

优选1号	优选8号	优选13号
优选2号	优选9号	优选15号
优选3号	优选10号	优选16号
优选6号	优选11号	优选18号
优选7号	优选12号	优选19号

优选1号

Camellia sinensis var. *assamica*（Masters）Kitamura cv. *Youxuan 1*

来　　源： 由广东省农业科学院茶叶研究所从英红2号与安溪水仙1号杂交后代经单株系统选育的无性系。

形态特征： 小乔木型，树姿半开张，分枝密；大叶类，叶长15.4cm、宽5.3cm，叶片中等椭圆形，斜向上着生，叶色深绿色，叶面隆起，叶身内折，叶基楔形，叶尖渐尖，叶缘波。新梢芽叶黄绿色，茸毛密。花冠直径3.5～4.0cm，花瓣白色，雌蕊低于雄蕊，花柱3裂，分裂位置中。

生长特性： 中生种，广东英德一芽三叶期为3月下旬。一芽三叶百芽重133.0g。春茶干茶含茶多酚29.4%、氨基酸4.4%、咖啡碱3.1%、可溶性糖3.1%。抗寒性较弱，抗旱性中等。

生产性能： 适制红茶、绿茶。

优选2号

Camellia sinensis var. *assamica*（Masters）Kitamura cv. *Youxuan 2*

来　　源：由广东省农业科学院茶叶研究所从黄叶水仙与英红2号杂交后代经单株系统选育的无性系。

形态特征：乔木型，树姿半开张，分枝中等；大叶类，叶长16.4cm、宽6.0cm，叶片中等椭圆形，斜向上着生，叶色深绿色，叶面隆起，叶身内折，叶基楔形，叶尖渐尖，叶缘微波。新梢芽叶黄绿色，茸毛密。花冠直径3.5～4.0cm，花瓣白色，雌蕊低于雄蕊，花柱3裂，分裂位置低。

生长特性：中生种，广东英德一芽三叶期为3月下旬。新梢芽叶生育力强，一芽三叶百芽重117.0g。春茶一芽二叶干样约含氨基酸1.6%、茶多酚35.6%、咖啡碱4.6%。抗寒性较弱，抗旱性中等。

生产性能：适制红茶、绿茶。

优选3号

Camellia sinensis var. *assamica*（Masters）Kitamura cv. *Youxuan 3*

来　　源： 由广东省农业科学院茶叶研究所从祁门1号与英红2号杂交后代经单株系统选育的无性系。

形态特征： 小乔木型，树姿半开张，分枝密；大叶类，叶长15.6cm、宽5.4cm，叶片阔椭圆形，斜向上着生，叶色绿色，叶面隆起，叶身内折，叶基楔形，叶尖渐尖，叶缘微波。新梢芽叶黄绿色，茸毛密度中等。花冠直径3.5～4.0cm，花瓣白色，雌蕊低于雄蕊，花柱3裂，分裂位置低。

生长特性： 中生种，广东英德一芽三叶期为3月下旬。新梢芽叶生育力强，一芽三叶百芽重123.0g。春茶一芽二叶干样约含氨基酸1.9%、茶多酚28.9%、咖啡碱4.2%。抗寒性中等，抗旱性较强。

生产性能： 适制红茶、绿茶。

优选6号

Camellia sinensis var. *assamica*（Masters）Kitamura cv. *Youxuan 6*

来　　源：由广东省农业科学院茶叶研究所从乐昌白毛2号与英红1号杂交后代经单株系统选育的无性系。

形态特征：小乔木型，树姿半开张，分枝中等；大叶类，叶长14.5cm、宽6.4cm，叶片中等椭圆形，斜向上着生，叶色深绿色，叶面隆起，叶身内折，叶基楔形，叶尖渐尖，叶缘微波。新梢芽叶黄绿色，茸毛密。花冠直径3.0～4.0cm，花瓣白色，雌蕊高于雄蕊，花柱3裂，分裂位置低。

生长特性：中生种，原产地一芽三叶期为3月下旬。新梢芽叶生育力强，一芽三叶百芽重97.0g。春茶一芽二叶干样约含氨基酸1.7%、茶多酚33.3%、咖啡碱4.5%。抗寒、抗旱性中等。

生产性能：适制红茶、绿茶。

优选7号

Camellia sinensis var. *assamica*（Masters）Kitamura cv. *Youxuan 7*

来　　源：由广东省农业科学院茶叶研究所从英红1号与乐昌白毛茶杂交后代经单株系统选育的无性系。

形态特征：乔木型，树姿半开张，分枝中等；大叶类，叶长14.5cm、宽5.7cm，叶片中等椭圆形，斜向上着生，叶色深绿色，叶面隆起，叶身内折，叶基楔形，叶尖渐尖，叶缘波。新梢芽叶浅绿色，茸毛密度中等。花冠直径3.0~4.0cm，花瓣白色，雌蕊高于雄蕊，花柱3裂，分裂位置高。

生长特性：中生种，广东英德一芽三叶期为3月下旬，新梢芽叶生育力强，一芽三叶百芽重102.0g。春茶一芽二叶干样约含氨基酸2.1%、茶多酚34.7%、咖啡碱4.2%。抗寒、抗旱性中等。

生产性能：适制红茶、绿茶。

优选8号

Camellia sinensis var. *assamica*（Masters）Kitamura cv. *Youxuan 8*

来　　源：由广东省农业科学院茶叶研究所从英红1号与乐昌白毛茶杂交后代经单株系统选育的无性系。

形态特征：乔木型，树姿半开张，分枝中等；大叶类，叶长14.5cm、宽5.7cm，叶片中等椭圆形，斜向上着生，叶色绿色，叶面隆起，叶身内折，叶基钝，叶尖渐尖，叶缘波。新梢芽叶黄绿色，茸毛稀。花冠直径3.0~4.0cm，花瓣白色，雌蕊高于雄蕊，花柱3裂，分裂位置高。

生长特性：中生种，广东英德一芽三叶期为3月下旬。新梢芽叶生育力强，一芽三叶百芽重122.0g。春茶一芽二叶干样约含氨基酸1.6%、茶多酚35.0%、咖啡碱4.6%。抗寒、抗旱性中等。

生产性能：适制红茶、绿茶。

优选9号

Camellia sinensis var. *assamica*（Masters）Kitamura cv. *Youxuan 9*

来　　源： 由广东省农业科学院茶叶研究所从英红1号与乐昌白毛茶杂交后代经单株系统选育的无性系。

形态特征： 乔木型，树姿半开张，分枝中等；大叶类，叶长14.8cm、宽5.7cm，叶片中等椭圆形，斜向上着生，叶色绿色，叶面隆起，叶身内折，叶基楔形，叶尖渐尖，叶缘微波。新梢芽叶黄绿色，茸毛密度中等。花冠直径3.0～4.0cm，花瓣白色，雌蕊与雄蕊等高，花柱3裂，分裂位置低。

生长特性： 晚生种，原产地一芽三叶期为4月上旬。新梢芽叶生育力强，一芽三叶百芽重109.0g。春茶一芽二叶干样约含氨基酸1.9%、茶多酚33.3%、咖啡碱4.5%。抗寒、抗旱性中等。

生产性能： 适制红茶、绿茶。

优选10号

Camellia sinensis var. *assamica*（Masters）Kitamura cv. *Youxuan 10*

来　　源：由广东省农业科学院茶叶研究所从乐昌白毛2号与英红1号杂交后代经单株系统选育的无
　　　　　性系。

形态特征：乔木型，树姿半开张，分枝中等；大叶类，叶长13.4cm、宽6.6cm，叶片中等椭圆形，斜
　　　　　向上着生，叶色绿色，叶面隆起，叶身内折，叶基楔形，叶尖渐尖，叶缘微波。新梢芽叶
　　　　　浅绿色，茸毛密度中等。花冠直径3.5～4.0cm，花瓣白色，雌蕊高于雄蕊，花柱3裂，分
　　　　　裂位置高。

生长特性：中生种，广东英德一芽三叶期为3月下旬。新梢芽叶生育力强，一芽三叶百芽重101.0g。春
　　　　　茶一芽二叶干样约含氨基酸2.2%、茶多酚31.3%、咖啡碱4.3%。抗寒、抗旱性中等。

生产性能：适制红茶、绿茶。

优选11号

Camellia sinensis var. *assamica*（Masters）Kitamura cv. *Youxuan 11*

来　　源： 由广东省农业科学院茶叶研究所从英红1号与乐昌白毛茶杂交后代经单株系统选育的无性系。

形态特征： 小乔木型，树姿半开张，分枝稀；大叶类，叶长14.7cm、宽5.4cm，叶片阔椭圆形，斜向上着生，叶色深绿色，叶面隆起，叶身内折，叶基钝，叶尖钝，叶缘波。新梢芽叶黄绿色，茸毛密。花冠直径3.5～4.0cm，花瓣白色，雌蕊高于雄蕊，花柱3裂，分裂位置中。

生长特性： 中生种，广东英德一芽三叶期为3月下旬。新梢芽叶生育力强，一芽三叶百芽重101.0g。春茶一芽二叶干样约含氨基酸2.2%、茶多酚30.9%、咖啡碱4.7%。抗寒、抗旱性中等。

生产性能： 适制红茶、绿茶。

优选12号

Camellia sinensis var. *assamica*（Masters）Kitamura cv. *Youxuan 12*

来　　源：由广东省农业科学院茶叶研究所从乐昌白毛2号与英红1号杂交后代经单株系统选育的无性系。

形态特征：小乔木型，树姿半开张，分枝中等；大叶类，叶长16.5cm、宽6.0cm，叶片中等椭圆形，斜向上着生，叶色绿色，叶面隆起，叶身内折，叶基楔形，叶尖渐尖，叶缘微波。新梢芽叶黄绿色，茸毛密度中等，花冠直径3.5～4.0cm，花瓣白色，雌蕊与雄蕊等高，花柱3裂，分裂位置低。

生长特性：中生种，原产地一芽三叶期为3月下旬。新梢芽叶生育力强，一芽三叶百芽重79.2g。春茶一芽二叶干样约含氨基酸1.8%、茶多酚37.4%、咖啡碱4.3%。抗寒、抗旱性中等。

生产性能：适制红茶、绿茶。

优选13号

Camellia sinensis var. *assamica*（Masters）Kitamura cv. *Youxuan 13*

来　　源： 由广东省农业科学院茶叶研究所从乐昌白毛2号与英红1号杂交后代经单株系统选育的无性系。

形态特征： 小乔木型，树姿半开张，分枝密；大叶类，叶长15.2cm、宽5.5cm，叶片椭圆形，斜向上着生，叶色绿色，叶面隆起，叶身内折，叶基楔形，叶尖渐尖，叶缘微波。新梢芽叶黄绿色，茸毛密度中等。花冠直径3.5～4.0cm，花瓣白色，雌蕊高于雄蕊，花柱3裂，分裂位置高。

生长特性： 中生种，广东英德一芽三叶期为3月下旬。一芽三叶百芽重99.2g。春茶一芽二叶干样约含氨基酸2.0%、茶多酚34.3%、咖啡碱4.8%。抗寒、抗旱性中等。

生产性能： 适制红茶、绿茶。

优选15号

Camellia sinensis var. *assamica*（Masters）Kitamura cv. *Youxuan 15*

来　　源：由广东省农业科学院茶叶研究所从英红九号与黄叶水仙杂交后代经单株系统选育的无性系。

形态特征：乔木型，树姿半开张，分枝中等；大叶类，叶长14.7cm、宽5.6cm，叶片中等椭圆形，斜向上着生，叶色绿色，叶面隆起，叶身内折，叶基楔形，叶尖渐尖，叶缘波。新梢芽叶浅绿色，茸毛密度中等。花冠直径3.0～4.0cm，花瓣白色，雌蕊与雄蕊等高，花柱3裂，分裂位置中。

生长特性：中生种，广东英德一芽三叶期为3月下旬。新梢芽叶生育力强，一芽三叶百芽重98.5g。春茶一芽二叶干样约含氨基酸2.3%、茶多酚34.9%、咖啡碱4.1%。抗寒、抗旱性中等。

生产性能：适制红茶、绿茶。

优选16号

Camellia sinensis var. *assamica*（Masters）Kitamura cv. *Youxuan 16*

来　　源：由广东省农业科学院茶叶研究所从英红九号与黄叶水仙杂交后代经单株系统选育的无性系。

形态特征：乔木型，树姿半开张，分枝中等；大叶类，叶长15.7cm、宽5.8cm，叶片窄椭圆形，斜向上着生，叶色深绿色，叶面隆起，叶身内折，叶基楔形，叶尖渐尖，叶缘波。新梢芽叶浅绿色，茸毛密度中等。花冠直径3.5～4.0cm，花瓣白色，雌蕊高于雄蕊，花柱3裂，分裂位置中。

生长特性：中生种，原产地一芽三叶期为3月下旬。新梢芽叶生育力强，一芽三叶百芽重80.3g。春茶一芽二叶干样约含氨基酸2.3%、茶多酚34.0%、咖啡碱3.9%。抗寒、抗旱性中等。

生产性能：适制红茶、绿茶。

优选18号

Camellia sinensis var. *assamica*（Masters）Kitamura cv. *Youxuan 18*

来　　源：由广东省农业科学院茶叶研究所从英红九号与黄叶水仙杂交后代经单株系统选育的无性系。

形态特征：乔木型，树姿半开张，分枝稀；大叶类，叶长15.4cm、宽5.7cm，叶片中等椭圆形，斜向上着生，叶色深绿色，叶面隆起，叶身内折，叶基楔形，叶尖渐尖，叶缘波。新梢芽叶黄绿色，茸毛密。花冠直径3.5~4.0cm，花瓣白色，雌蕊与雄蕊等高，花柱3裂，分裂位置中。

生长特性：晚生种，广东英德一芽三叶期为4月中旬。新梢芽叶生育力强，一芽三叶百芽重91.0g。春茶一芽二叶干样约含氨基酸1.5%、茶多酚36.9%、咖啡碱3.9%。抗寒、抗旱性中等。

生产性能：适制红茶、绿茶。

优选19号

Camellia sinensis var. *assamica*（Masters）Kitamura cv. *Youxuan 19*

来　　源： 由广东省农业科学院茶叶研究所从英红九号与黄叶水仙杂交后代经单株系统选育的无性系。

形态特征： 乔木型，树姿半开张，分枝中等；大叶类，叶长16.1cm、宽6.0cm，叶片中等椭圆形，斜向上着生，叶色深绿色，叶面隆起，叶身内折，叶基楔形，叶尖渐尖，叶缘微波。新梢芽叶黄绿色，茸毛密度中等。花冠直径3.0～4.0cm，花瓣白色，雌蕊高于雄蕊，花柱3裂，分裂位置高。

生长特性： 晚生种，原产地一芽三叶期为4月中旬。新梢芽叶生育力强，一芽三叶百芽重117.0g。春茶一芽二叶干样约含氨基酸1.7%、茶多酚35.1%、咖啡碱4.2%。抗寒、抗旱性中等。

生产性能： 适制红茶、绿茶。

辐射诱变种质

辐优1号
辐优2号
辐优3号
辐优4号

辐优1号

Camellia sinensis var. *assamica*（Masters）Kitamura cv. *Fuyou 1*

来　　源：由广东省农业科学院茶叶研究所对云南大叶种茶种经辐射诱变试验而成的种质。

形态特征：乔木型，树姿半开张，分枝中等；大叶类，叶长15.3cm、宽5.4cm，叶片中等椭圆形，叶色深绿色，叶面隆起，叶身内折，叶基楔形，叶尖渐尖，叶缘波。新梢芽叶黄绿色，茸毛密度中等。花冠3.5~4.0cm，花瓣白色，雌蕊低于雄蕊，花柱3裂，分裂位置中。

生长特性：早生种，广东英德一芽三叶期为3月上旬。新梢芽叶生育力强，一芽三叶百芽重139.0g。春茶一芽二叶干样约含水浸出物48.6%、氨基酸3.2%、茶多酚16.8%、咖啡碱2.8%。

生产性能：适制红茶。抗寒性弱，扦插繁殖力强，适宜在华南茶区种植。

辐优2号

Camellia sinensis var. *assamica*（Masters）Kitamura cv. *Fuyou 2*

来　　源：由广东省农业科学院茶叶研究所对云南大叶种茶种经辐射诱变试验而成的种质。

形态特征：乔木型，树姿半开张，分枝中等；大叶类，叶长13.6cm、宽5.6cm，叶片中等椭圆形，叶色绿色，叶面隆起，叶身内折，叶基楔形，叶尖渐尖，叶缘波。新梢芽叶黄绿色，茸毛密度中等。花冠2.5～3.0cm，花瓣白色，雌蕊高于雄蕊，花柱3裂，分裂位置高。

生长特性：早生种，广东英德一芽三叶期为3月上旬。新梢芽叶生育力强，一芽三叶百芽重145.0g。春茶一芽二叶干样约含水浸出物44.6%、氨基酸2.5%、茶多酚18.8%、咖啡碱2.3%。

生产性能：适制红茶。抗寒性弱，扦插繁殖力强，适宜在华南茶区种植。

辐优3号

Camellia sinensis var. *assamica*（Masters）Kitamura cv. *Fuyou 3*

来　　源：由广东省农业科学院茶叶研究所对云南大叶种茶种经辐射诱变试验而成的种质。

形态特征：乔木型，树姿半开张，主干显，分枝中等；大叶类，叶长14.8cm、宽6.0cm，叶片中等椭圆形，叶色深绿色，叶面隆起，叶身内折，叶基楔形，叶尖渐尖，叶缘波。新梢芽叶黄绿色，茸毛密度中等。花冠直径3.5～4.0cm，花瓣白色，雌蕊与雄蕊等高，花柱3裂。

生长特性：早生种，广东英德一芽三叶期为3月上旬。新梢芽叶生育力和持嫩性强，一芽三叶百芽重129.0g。春茶一芽二叶干样约含水浸出物46.6%、氨基酸3.0%、茶多酚17.9%、咖啡碱2.2%。

生产性能：适制红茶。抗寒性弱，扦插繁殖力强，适宜在华南茶区种植。

辐优4号

Camellia sinensis var. *assamica*（Masters）Kitamura cv. *Fuyou 4*

来　　源：由广东省农业科学院茶叶研究所对云南大叶种茶种经辐射诱变试验而成的种质。

形态特征：乔木型，树姿半开张，主干显，分枝中等；大叶类，叶长15.2cm、宽5.5cm，叶片中等椭圆形，叶色深绿色，叶面隆起，叶身内折，叶基楔形，叶尖渐尖，叶缘微波。新梢芽叶黄绿色，茸毛密度中等。花冠直径3.0～3.5cm，花瓣白色，雌蕊高于雄蕊，花柱3裂，分裂位置低。

生长特性：早生种，广东英德一芽三叶期为3月上旬。新梢芽叶生育力强，一芽三叶百芽重133.0g。春茶一芽二叶干样约含水浸出物47.6%、氨基酸3.0%、茶多酚18.8%、咖啡碱2.2%。

生产性能：适制红茶。抗寒性弱，扦插繁殖力强，适宜在华南茶区种植。

广东本土收集资源

英红2号	红叶10号	紫叶12号
英红3号	红叶11号	紫叶21号
英红4号	红叶12号	紫叶24号
英红5号	红叶13号	紫叶26号
英红6号	红叶14号	紫叶27号
英红7号	红叶15号	鸿雁2号
英红8号	红叶16号	鸿雁3号
英红10号	红叶17号	鸿雁4号
英红11号	红叶18号	鸿雁5号
云大5号	红叶19号	鸿雁6号
云大7号	红叶20号	鸿雁8号
云大黑叶	红叶21号	鸿雁10号
云大黄绿	红叶22号	鸿雁11号
英州1号	红叶23号	鸿雁14号
红叶1号	红叶24号	宋种
红叶3号	红叶25号	竹叶
红叶4号	红叶26号	通天香
红叶5号	紫叶2号	夜来香
红叶6号	紫叶3号	鸭屎香
红叶7号	紫叶4号	雷扣柴
红叶8号	紫叶8号	西岩乌龙
红叶9号	紫叶10号	奇兰香

鸡笼刊

山茄叶

大乌叶

东方红

陂头

饶平中叶2号

饶平中叶6号

北山单丛

单丛1号

单丛2号

单丛3号

单丛21号

单丛22号

单丛27号

石古坪大叶乌龙

石古坪小叶乌龙

仁化白毛茶

仁化圆茶

丹霞4号

丹霞13号

丹霞30号

烟竹1号

烟竹2号

烟竹3号

烟竹5号

黄坑白毛4号

黄坑白毛5号

乳源大叶

沿溪山白毛茶

乐昌笔咀茶

乐昌大叶白毛

乐昌中叶白毛

大坝白毛1号

大坝白毛2号

大坝白毛3号

大坝白毛4号

大坝白毛5号

大坝白毛6号

食足白毛6号

食足白毛7号

食足白毛11号

抗虫2号

抗虫3号

抗虫4号

枫树坪1号

仙塘1

仙塘2

仙塘4

金边

可可茶3号

苦茶2号

苦茶9号

苦茶10号

苦茶12号

苦茶13号

苦茶15号

苦茶16号

苦茶18号

连南大茶树

连南大叶1号

连南大叶4号

连南大叶6号

连山野茶

青心1号

锅吾4号

锅吾7号

锅吾8号

锅吾9号

锅吾水仙圆叶

锅吾水仙尖叶

小叶紫芽茶

清远笔架茶

清远蒲坑茶

阳春白毛茶

惠阳小叶

东源上莞茶

冬芽1号

冬芽2号

冬芽3号	广州白心5号	封开8号
冬芽5号	广州小叶白心1号	封开9号
冬芽6号	广州小叶白心2号	封开10号
冬芽7号	官下2号	封开11号
冬芽8号	官下苦茶	封开12号
冬芽9号	大坑山茶	封开13号
雀舌	封开1号	封开16号
五华天竺山茶	封开2号	新会白云茶
兴宁官田茶	封开5号	龙门种4号
广宁大叶青心3号	封开6号	龙门种5号
广宁大叶青心5号	封开7号	罗定1号

英红2号

Camellia sinensis var. *assamica*（Masters）Kitamura cv. *Yinghong 2*

来　　源： 由广东省农业科学院茶叶研究所从阿萨姆自然杂交后代采用单株育种法育成的无性系。

形态特征： 乔木型，树姿开张，分枝中等；大叶类，叶长13.6cm、宽5.5cm，叶片阔椭圆形，斜向上着生，叶色深绿色，叶面隆起，叶身平，叶基楔形，叶尖骤尖，叶缘平。新梢芽叶黄绿色，茸毛稀。花冠直径3.5～4.5cm，花瓣白色，雌蕊高于雄蕊，花柱3裂，分裂位置高。

生长特性： 早生种，广东英德一芽三叶期为3月中旬。新梢芽叶生育力强，一芽三叶百芽重164.0g。春茶一芽二叶干样约含茶多酚32.2%。

生产性能： 适制红茶，品质优良。制红茶，滋味鲜爽，香气鲜高，汤色红亮，叶底红匀明亮。适宜广东、广西、湖南、福建等地种植。抗小绿叶蝉能力强，抗寒、抗旱能力中等，抗螨害能力较弱。

英红3号

Camellia sinensis var. *assamica*（Masters）Kitamura cv. *Yinghong 3*

来　　源：由广东省农业科学院茶叶研究所从云南大叶种自然杂交后代采用单株育种法育成的无性系。

形态特征：乔木型，树姿开张，分枝中等；大叶类，叶长15.1cm、宽5.2cm，叶片披针形，斜向上着生，叶色深绿色，叶面隆起，叶身平，叶基楔形，叶尖渐尖，叶缘微波。新梢芽叶黄绿色，茸毛特密。花冠直径4.5～5.0cm，花瓣白色，雌蕊高于雄蕊，花柱3裂，分裂位置中。

生长特性：早生种，广东英德一芽三叶期为3月中旬。新梢芽叶生育力和持嫩性强，一芽三叶百芽重125.0g。春茶一芽二叶干样约含茶多酚31.0%。

生产性能：适制红茶。制红茶，滋味甜爽，香气毫香显，汤色红亮，叶底红匀明亮。适宜广东、广西、福建、云南等地种植。抗小绿叶蝉能力较强，抗旱能力中等，抗寒能力较弱。

英红4号

Camellia sinensis var. assamica（Masters）Kitamura cv. Yinghong 4

来　　源：由广东省农业科学院茶叶研究所从云南大叶种自然杂交后代采用单株育种法育成的无性系。

形态特征：乔木型，树姿半开张，分枝中等；大叶类，叶长14.7cm、宽5.4cm，叶片阔椭圆形，斜向上着生，叶色深绿色，叶面隆起，叶身平，叶基楔形，叶尖渐尖，叶缘微波。新梢芽叶深绿色，茸毛密。花冠直径4.0～4.5cm，花瓣白色，雌蕊高于雄蕊，花柱3裂，分裂位置中。

生长特性：早生种，广东英德一芽三叶期为3月中旬。新梢芽叶生育力和持嫩性强，一芽三叶百芽重190.0g。春茶一芽二叶干样约含茶多酚31.0%。

生产性能：适制红茶。制红茶，滋味鲜爽，香气清高，汤色红亮，叶底红匀明亮。适宜广东、广西、福建、云南等地种植。抗小绿叶蝉能力较强，抗旱能力中等，抗寒能力较弱。

英红5号

Camellia sinensis var. *assamica*（Masters）Kitamura cv. *Yinghong 5*

来　　源： 由广东省农业科学院茶叶研究所从云南大叶种自然杂交后代采用单株育种法育成的无性系。

形态特征： 乔木型，树姿半开张，分枝中等；大叶类，叶长14.6cm、宽5.6cm，叶片长椭圆形，斜向上着生，叶色深绿色，叶面隆起，叶身平，叶基楔形，叶尖渐尖，叶缘微波。新梢芽叶黄绿色，茸毛密。花冠直径3.8～4.5cm，花瓣白色，雌蕊与雄蕊等高，花柱3裂，分裂位置中。

生长特性： 早生种，广东英德一芽三叶期为3月中旬。新梢芽叶生育力和持嫩性强，一芽三叶百芽重120.0g。春茶一芽二叶干样约含氨基酸2.2%、茶多酚35.7%、咖啡碱4.7%。

生产性能： 适制红茶。制红茶，滋味甜润，香气甜毫香显，汤色红艳明，叶底红匀明亮。适宜广东、广西、福建、云南等地种植。抗小绿叶蝉能力较强，抗旱能力中等，抗寒能力较弱。

英红6号

Camellia sinensis var. *assamica*（Masters）Kitamura cv. *Yinghong 6*

来　　源： 由广东省农业科学院茶叶研究所从云南大叶种自然杂交后代采用单株育种法育成的无性系。

形态特征： 乔木型，树姿开张，分枝中等；大叶类，叶长15.5cm、宽5.8cm，叶片长椭圆形，斜向上着生，叶色深绿色，叶面隆起，叶身平，叶基楔形，叶尖渐尖，叶缘微波。新梢芽叶黄绿色，茸毛密。花冠直径3.7～4.5cm，花瓣白色，雌蕊高于雄蕊，花柱3裂，分裂位置高。

生长特性： 早生种，广东英德一芽三叶期为3月中旬。新梢芽叶生育力和持嫩性强，一芽三叶百芽重144.0g。春茶一芽二叶干样约含氨基酸2.2%、茶多酚34.0%、咖啡碱6.1%。

生产性能： 适制红茶。制红茶，滋味甜润，香气甜毫香显，汤色红艳明亮，叶底红匀明亮。适宜广东、广西、福建、云南等地种植。抗小绿叶蝉能力较强，抗旱能力中等，抗寒能力较弱。

英红7号

Camellia sinensis var. *assamica*（Masters）Kitamura cv. *Yinghong 7*

来　　源：由广东省农业科学院茶叶研究所从云南大叶种自然杂交后代采用单株育种法育成的无性系。

形态特征：乔木型，树姿半开张，分枝中等；大叶类，叶长13.2cm、宽6.2cm，叶片长椭圆形，斜向上着生，叶色深绿色，叶面隆起，叶身平，叶基楔形，叶尖渐尖，叶缘微波。新梢芽叶深绿色，茸毛密。花冠直径3.2~4.0cm，花瓣白色，雌蕊低于雄蕊，花柱3裂，分裂位置高。

生长特性：早生种，英德地区一芽三叶期为3月中旬。新梢芽叶生育力和持嫩性强，一芽三叶百芽重100.4g。春茶一芽二叶干样约含氨基酸2.5%、茶多酚31.3%、咖啡碱4.7%。

生产性能：适制红茶。制红茶，滋味鲜爽，香气甜香显，汤色红亮，叶底红匀明亮。适宜广东、广西、福建、云南等地种植。抗小绿叶蝉能力较强，抗旱能力中等，抗寒能力较弱。

英红8号

Camellia sinensis var. *assamica*（Masters）Kitamura cv. *Yinghong 8*

来　　源：由广东省农业科学院茶叶研究所从云南大叶种自然杂交后代采用单株育种法育成的无性系。

形态特征：乔木型，树姿开张，分枝中等；大叶类，叶长14.8cm、宽5.8cm，叶片扩椭圆形，斜向上着生，叶色深绿色，叶面隆起，叶身平，叶基楔形，叶尖渐尖，叶缘微波。新梢芽叶黄绿色，茸毛密。花冠直径4.0～4.5cm，花瓣白色，雌蕊与雄蕊等高，花柱3裂，分裂位置中。

生长特性：早生种，广东英德一芽三叶期为3月中旬。新梢芽叶生育力和持嫩性强，一芽三叶百芽重156.0g。春茶一芽二叶干样约含茶多酚30.2%。

生产性能：适制红茶。制红茶，滋味甜爽，香气鲜高，汤色红亮，叶底红匀明亮。适宜广东、广西、福建、云南等地种植。抗小绿叶蝉能力较强，抗旱能力中等，抗寒能力较弱。

英红10号

Camellia sinensis var. *assamica*（Masters）Kitamura cv. *Yinghong 10*

来　　源：由广东省农业科学院茶叶研究所从云南大叶种自然杂交后代采用单株育种法育成的无性系。

形态特征：乔木型，树姿半开张，分枝中等；大叶类，叶长15.6cm、宽5.4cm，叶片长椭圆形，斜向上着生，叶色深绿色，叶面隆起，叶身平，叶基楔形，叶尖渐尖，叶缘微波。新梢芽叶黄绿色，茸毛密。花冠直径3.0～3.8cm，花瓣白色，雌蕊与雄蕊等高，花柱3裂，分裂位置中。

生长特性：早生种，广东英德一芽三叶期为3月中旬。新梢芽叶生育力和持嫩性强，一芽三叶百芽重125.0g。春茶一芽二叶干样约含氨基酸2.5%、茶多酚33.2%、咖啡碱4.9%。

生产性能：适制红茶。制红茶，滋味甜爽，香气甜毫香显，汤色红艳明亮，叶底红匀明亮。适宜广东、广西、福建、云南等地种植。抗小绿叶蝉能力较强，抗旱能力中等，抗寒能力较弱。

英红11号

Camellia sinensis var. *assamica*（Masters）Kitamura cv. *Yinghong 11*

来　　源：由广东省农业科学院茶叶研究所从云南大叶种自然杂交后代采用单株育种法育成的无性系。

形态特征：乔木型，树姿半开张，分枝中等；大叶类，叶长14.6cm、宽5.3cm，叶片长椭圆形，斜向上着生，叶色深绿色，叶面隆起，叶身平，叶基楔形，叶尖渐尖，叶缘微波。新梢芽叶深绿色，茸毛密。花冠直径3.8～4.5cm，花瓣白色，雌蕊与雄蕊等高，花柱3裂，分裂位置中。

生长特性：早生种，广东英德一芽三叶期为3月中旬。新梢芽叶生育力和持嫩性强，一芽三叶百芽重105.0g。春茶一芽二叶干样约含茶多酚30.6%。

生产性能：适制红茶。制红茶，滋味鲜爽，香气毫香显，汤色红亮，叶底红匀明亮。适宜广东、广西、福建、云南等地种植。抗小绿叶蝉能力较强，抗旱能力中等，抗寒能力较弱。

云大5号

Camellia sinensis var. *assamica*（Masters）Kitamura cv. *Yunda 5*

来　　源：由广东省农业科学院茶叶研究所从云南大叶种自然杂交后代经单株系统选育的无性系。

形态特征：乔木型，树姿半开张，分枝稀；大叶类，叶长15.4cm、宽5.4cm，叶片中等椭圆形，斜向上着生，叶色深绿色，叶面隆起，叶身平，叶基楔形，叶尖渐尖，叶缘波。新梢芽叶浅绿色，茸毛密。花冠直径3.5~4.0cm，花瓣白色，雌蕊高于雄蕊，花柱3裂，分裂位置中。

生长特性：中生种，广东英德一芽三叶期为3月下旬。新梢芽叶生育力和持嫩性强，一芽三叶百芽重134.0g。春茶一芽二叶干样约含氨基酸1.9%、茶多酚40.0%、咖啡碱4.7%。抗寒性较弱，抗旱性中等。

生产性能：适制红茶。

云大7号

Camellia sinensis var. *assamica*（Masters）Kitamura cv. *Yunda 7*

来　　源： 由广东省农业科学院茶叶研究所从云南大叶种自然杂交后代经单株系统选育的无性系。

形态特征： 乔木型，树姿半开张，分枝稀；大叶类，叶长15.2cm、宽5.5cm，叶片中等椭圆形，斜向上着生，叶色深绿色，叶面隆起，叶身平，叶基楔形，叶尖渐尖，叶缘微波。新梢芽叶浅绿色，茸毛密。花冠直径3.5～4.0cm，花瓣白色，雌蕊高于雄蕊，花柱3裂，分裂位置低。

生长特性： 中生种，广东英德一芽三叶期为3月下旬。新梢芽叶生育力和持嫩性强，一芽三叶百芽重189.3g。春茶一芽二叶干样约含氨基酸2.7%、茶多酚25.2%。抗寒性较弱，抗旱性中等。

生产性能： 适制红茶。

云大黑叶

Camellia sinensis var. assamica（Masters）Kitamura cv. Yunda Heiye

来　　源：由广东省农业科学院茶叶研究所从云南大叶种自然杂交后代经单株系统选育的无性系。

形态特征：乔木型，树姿半开张，分枝稀；大叶类，叶长14.9cm、宽5.7cm，叶片阔椭圆形，斜向上着生，叶色深绿色，叶面微隆，叶身平，叶基楔形，叶尖渐尖，叶缘微波。新梢芽叶绿色，茸毛密。花冠直径3.5～4.0cm，花瓣白色，雌蕊与雄蕊等高，花柱3裂，分裂位置中。

生长特性：中生种，广东英德一芽三叶期为3月下旬。新梢芽叶生育力和持嫩性强，一芽三叶百芽重81.7g。春茶一芽二叶干样约含氨基酸2.7%、茶多酚30.1%、咖啡碱4.6%。抗寒性较弱，抗旱性中等。

生产性能：适制红茶。

云大黄绿

Camellia sinensis var. *assamica*（Masters）Kitamura cv. *Yunda Huanglv*

来　　源：由广东省农业科学院茶叶研究所从云南大叶种自然杂交后代经单株系统选育的无性系。

形态特征：乔木型，树姿半开张，分枝中等；大叶类，叶长14.6cm、宽4.8cm，叶片窄椭圆形，斜向上着生，叶色绿色，叶面微隆，叶身平，叶基楔形，叶尖渐尖，叶缘微波。新梢芽叶黄绿色，茸毛密。花冠直径3.0~4.0cm，花瓣白色，雌蕊高于雄蕊，花柱3裂，分裂位置中。

生长特性：中生种，广东英德一芽三叶期为3月下旬。新梢芽叶生育力和持嫩性强，一芽三叶百芽重140.0g。抗寒性较弱，抗旱性中等。

生产性能：适制红茶。

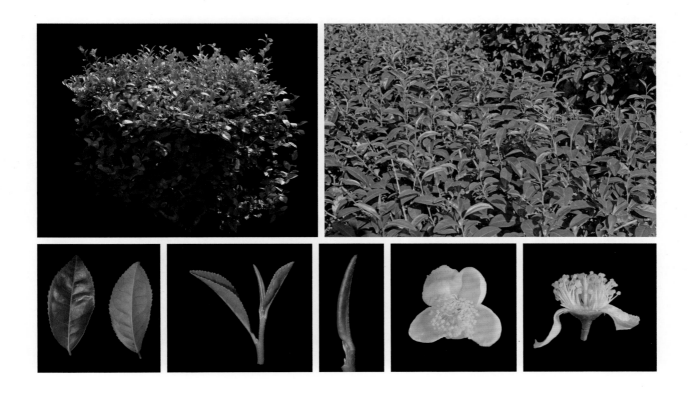

英州1号

Camellia sinensis var. *assamica*（Masters）Kitamura cv. *Yingzhou 1*

来　　源：由英德茶树良种场从青心乌龙自然杂交后代采用单株育种法育成的无性系。

形态特征：灌木型，树姿半开张，分枝密；中叶类，叶长11.2cm、宽4.7cm，叶片中等椭圆形，斜向上着生，叶色深绿色，叶面隆起，叶身平，叶基楔形，叶尖渐尖，叶缘微波。新梢芽叶深绿色，茸毛密度中等。花冠直径3.0～3.5cm，花瓣白色，雌蕊与雄蕊等高，花柱3裂，分裂位置低。

生长特性：早生种，广东英德一芽三叶期为3月上旬。新梢芽叶生育力较强。

生产性能：适制绿茶。抗寒、抗旱性较强，扦插繁殖力强，适宜在华南茶区种植。

红叶1号

Camellia sinensis var. *assamica*（Masters）Kitamura cv. *Hongye 1*

来　　源：从广东英德种植的云南大叶种后代群体中筛选出的新品系。

形态特征：小乔木型，树姿半开张，分枝中等；大叶类，叶长13.6cm、宽4.7cm，叶片长椭圆形，斜向上着生，叶色深绿色，叶面微隆，叶身内折，叶基楔形，叶尖急尖，叶缘波。新梢芽叶紫红色，茸毛密。花冠直径3.0～3.5cm，花瓣白色，雌蕊高于雄蕊，花柱3裂，分裂位置中。

生长特性：早生种，广东英德一芽三叶期为3月上旬。新梢芽叶生育力和持嫩性强，一芽三叶百芽重83.0g。春茶一芽二叶干样约含水浸出物38.4%、氨基酸2.5%、茶多酚28.2%、咖啡碱3.8%、花青素1.5%。

生产性能：可用于生产高花青素茶叶产品。抗寒性弱，扦插繁殖力强，适宜在华南茶区种植。

红叶3号

Camellia sinensis var. *assamica*（Masters）Kitamura cv. *Hongye 3*

来　　源：从广东英德种植的云南大叶种后代群体筛选出的新品系。

形态特征：乔木型，树姿半开张，分枝中等；大叶类，叶长14.1cm、宽5.1cm，叶片中等椭圆形，斜向上着生，叶色深绿色，叶面隆起，叶身内折，叶基楔形，叶尖渐尖，叶缘波。新梢新梢芽叶紫红色，茸毛密。花冠4.0～5.0cm，花瓣白色，雌蕊高于雄蕊，花柱3裂，分裂位置高。

生长特性：早生种，广东英德一芽三叶期为3月上旬。新梢芽叶生育力和持嫩性较强，一芽三叶百芽重73.0g。春茶一芽二叶干样约含水浸出物37.4%、氨基酸3.6%、茶多酚27.2%、咖啡碱4.4%、花青素0.8%。

生产性能：可用于生产高花青素茶叶产品。抗寒性弱，扦插繁殖力强，适宜在华南茶区种植。

红叶4号

Camellia sinensis var. *assamica*（Masters）Kitamura cv. *Hongye 4*

来　　源：从广东英德种植的云南大叶种后代群体筛选出的新品系。

形态特征：乔木型，树姿半开张，分枝中等；大叶类，叶长13.6cm、宽5.3cm，叶片椭圆形，斜向上着生，叶色深绿色，叶面隆起，叶身内折，叶基楔形，叶尖渐尖，叶缘波。新梢芽头绿色、嫩叶紫红色，茸毛密度中等。花冠3.5～4.0cm，花瓣白色，雌蕊低于雄蕊，花柱3裂，分裂位置中。

生长特性：早生种，广东英德产地一芽三叶期为3月上旬。新梢芽叶生育力和持嫩性强，一芽三叶百芽重56.0g。春茶一芽二叶干样约含水浸出物36.4%、氨基酸2.6%、茶多酚25.2%、咖啡碱4.7%、花青素0.6%。

生产性能：可用于生产高花青素茶叶产品。抗寒性弱，扦插繁殖力强，适宜在华南茶区种植。

红叶5号

Camellia sinensis var. *assamica*（Masters）Kitamura cv. *Hongye 5*

来　　源：从广东英德种植的云南大叶种后代群体筛选出的新品系。

形态特征：乔木型，树姿开张，分枝稀；大叶类，叶长14.1cm、宽5.3cm，叶片长椭圆形，斜向上着生，叶色深绿色，叶面微隆，叶身内折，叶基楔形，叶尖渐尖，叶缘微波。新梢芽叶紫红色，茸毛密。花冠3.5~4.0cm，花瓣白色，雌蕊高于雄蕊，花柱3裂，分裂位置高。

生长特性：早生种，广东英德一芽三叶期为3月上旬。新梢芽叶生育力和持嫩性较强，一芽三叶百芽重82.0g。春茶一芽二叶干样约含水浸出物40.4%、氨基酸2.6%、茶多酚22.2%、咖啡碱3.8%、花青素0.8%。

生产性能：可用于生产高花青素茶叶产品。抗寒性弱，扦插繁殖力强，适宜在华南茶区种植。

红叶6号

Camellia sinensis var. *assamica*（Masters）Kitamura cv. *Hongye 5*

来　　源：从广东英德种植的云南大叶种后代群体筛选出的新品系。

形态特征：乔木型，树姿半开张，分枝中等；大叶类，叶长14.5cm、宽5.4cm，叶片长椭圆形，斜向上着生，叶色深绿色，叶面隆起，叶身内折，叶基楔形，叶尖渐尖，叶缘波。新梢芽叶紫红色，茸毛密度中等。花冠直径3.5cm，花瓣白色，雌蕊高于雄蕊，花柱3裂，分裂位置高。

生长特性：早生种，广东英德产地一芽三叶期为3月上旬。新梢芽叶生育力和持嫩性较强，一芽三叶百芽重73.0g。春茶一芽二叶干样约含水浸出物42.1%、氨基酸2.8%、茶多酚23.3%、咖啡碱3.6%、花青素0.8%。

生产性能：可用于生产高花青素茶叶产品。抗寒性弱，扦插繁殖力强，适宜在华南茶区种植。

红叶7号

Camellia sinensis var. *assamica*（Masters）Kitamura cv. *Hongye 7*

来　　源：从广东英德种植的云南大叶种后代群体筛选出的新品系。

形态特征：乔木型，树姿半开张，分枝稀；大叶类，叶长13.7cm、宽5.9cm，叶片阔椭圆形，斜向上着生，叶色深绿色，叶面隆起，叶身内折，叶基楔形，叶尖急尖，叶缘波。新梢芽叶紫绿色，茸毛密度中等。花冠3.5～4.0cm，花瓣白色，雌蕊高于雄蕊，花柱3裂，分裂位置高。

生长特性：早生种，广东英德一芽三叶期为3月上旬。新梢芽叶生育力和持嫩性较强，一芽三叶百芽重81.0g。春茶一芽二叶干样约含水浸出物46.1%、氨基酸3.5%、茶多酚24.8%、咖啡碱3.4%、花青素0.8%。

生产性能：可用于生产高花青素茶叶产品。抗寒性弱，扦插繁殖扦插繁殖力强，适宜在华南茶区种植。

红叶8号

Camellia sinensis var. *assamica*（Masters）Kitamura cv. *Hongye 8*

来　　源： 从广东英德种植的云南大叶种后代群体筛选出的新品系。

形态特征： 乔木型，树姿半开张，分枝稀；大叶类，叶长13.5cm、宽4.9cm，叶片窄椭圆形，斜向上着生，叶色绿色，叶面隆起，叶身内折，叶基楔形，叶尖渐尖，叶缘微波。新梢芽叶紫红色，茸毛密度中等。花冠3.0~3.5cm，花瓣白色雌蕊高于雄蕊，花柱3裂，分裂位置低。

生长特性： 早生种，广东英德一芽三叶期为3月上旬。新梢芽叶生育力和持嫩性较强，一芽三叶百芽重76.0g。春茶一芽二叶干样约含水浸出物33.6%、氨基酸5.9%、茶多酚20.1%、咖啡碱5.8%、花青素0.6%。

生产性能： 可用于生产高花青素茶叶产品。抗寒性弱，扦插繁殖力强，适宜在华南茶区种植。

红叶9号

Camellia sinensis var. *assamica*（Masters）Kitamura cv. *Hongye 9*

来　　源：从广东英德种植的云南大叶种后代群体筛选出的新品系。

形态特征：乔木型，树姿半开张，分枝稀；大叶类，叶长14.3cm、宽5.6cm，叶片椭圆形，斜向上着生，叶色深绿色，叶面微隆，叶身内折，叶基楔形，叶尖渐尖，叶缘微波。新梢芽叶紫红色，茸毛密度中等。花冠3.0～3.5cm，花瓣白色，雌蕊高于雄蕊，花柱3裂，分裂位置高。

生长特性：早生种，广州英德一芽三叶期为3月上旬。新梢芽叶生育力和持嫩性较强，一芽三叶百芽重106.0g。春茶一芽二叶干样约含水浸出物33.6%、氨基酸3.4%、茶多酚20.6%、咖啡碱2.8%、花青素0.5%。

生产性能：可用于生产高花青素茶叶产品。抗寒性弱，扦插繁殖力强，适宜在华南茶区种植。

红叶10号

Camellia sinensis var. *assamica*（Masters）Kitamura cv. *Hongye 10*

来　　源： 从广东英德种植的云南大叶种后代群体筛选出的新品系。

形态特征： 乔木型，树姿半开张，分枝稀；大叶类，叶长14.6cm、宽5.2cm，叶片椭圆形，斜向上着生，叶色深绿色，叶面微隆，叶身内折，叶基楔形，叶尖渐尖，叶缘波。新梢芽叶紫红色，茸毛密度中等。花冠3.0~3.5cm，花瓣白色，雌蕊高于雄蕊，花柱3裂，分裂位置高。

生长特性： 早生种，广东英德一芽三叶期为3月上旬。新梢芽叶生育力和持嫩性较强，一芽三叶百芽重83.0g。春茶一芽二叶干样约含水浸出物35.4%、氨基酸3.0%、茶多酚21.0%、咖啡碱5.6%、花青素0.9%。

生产性能： 可用于生产高花青素茶叶产品。抗寒性弱，扦插繁殖力强，适宜在华南茶区种植。

红叶11号

Camellia sinensis var. *assamica*（Masters）Kitamura cv. *Hongye 11*

来　　源： 从广东英德种植的云南大叶种后代群体筛选出的新品系。

形态特征： 乔木型，树姿半开张，分枝稀；大叶类，叶长13.7cm、宽4.8cm，叶片窄椭圆形，斜向上着生，叶色深绿色，叶面微隆，叶身内折，叶基楔形，叶尖急尖，叶缘微波。新梢芽叶紫红色，茸毛密。花冠3.5～4.0cm，花瓣白色，雌蕊高于雄蕊，花柱3裂，分裂位置低。

生长特性： 早生种，广东英德一芽三叶期为3月上旬。新梢芽叶生育力较强，一芽三叶百芽重66.0g。春茶一芽二叶干样约含水浸出物35.4%、氨基酸2.3%、茶多酚28.8%、咖啡碱4.0%、花青素0.8%。

生产性能： 可用于生产高花青素茶叶产品。抗寒性弱，扦插繁殖力强，适宜在华南茶区种植。

红叶12号

Camellia sinensis var. *assamica*（Masters）Kitamura cv. *Hongye 12*

来　　源：从广东英德种植的云南大叶种后代群体筛选出的新品系。

形态特征：乔木型，树姿半开张，分枝稀；大叶类，叶长14.6cm、宽5.3cm，叶片窄椭圆形，斜向上着生，叶色深绿色，叶面隆起，叶身内折，叶基楔形，叶尖渐尖，叶缘波。新梢芽头绿色，嫩叶紫红色，茸毛密。花冠3.5～4.0cm，花瓣白色，雌蕊高于雄蕊，花柱3裂，分裂位置低。

生长特性：早生种，广东英德一芽三叶期为3月上旬。新梢芽叶生育力和持嫩性较强，一芽三叶百芽重76.0g。春茶一芽二叶干样约含水浸出物35.8%、氨基酸2.8%、茶多酚24.8%、咖啡碱3.1%、花青素0.7%。

生产性能：可用于生产高花青素茶叶产品。抗寒性弱，扦插繁殖力强，适宜在华南茶区种植。

红叶13号

Camellia sinensis var. *assamica*（Masters）Kitamura cv. *Hongye 13*

来　　源：从广东英德种植的云南大叶种后代群体筛选出的新品系。

形态特征：乔木型，树姿半开张，分枝中等；大叶类，叶长14.2cm、宽5.4cm，叶片窄椭圆形，斜向上着生，叶色深绿色，叶面隆起，叶身内折，叶基楔形，叶尖渐尖，叶缘波。新梢芽叶紫红绿色，茸毛密度中等。花冠4.5～5.0cm，花瓣白色，雌蕊与雄蕊等高，花柱3裂，分裂位置低。

生长特性：早生种，广东英德一芽三叶期为3月上旬。新梢芽叶生育力和持嫩性强，一芽三叶百芽重88.0g。春茶一芽二叶干样约含水浸出物37.8%、氨基酸3.1%、茶多酚23.6%、咖啡碱3.9%、花青素0.8%。

生产性能：可用于生产高花青素茶叶产品。抗寒性弱，扦插繁殖力强，适宜在华南茶区种植。

红叶14号

Camellia sinensis var. *assamica*（Masters）Kitamura cv. *Hongye 14*

来　　源： 从广东英德种植的云南大叶种后代群体筛选出的新品系。

形态特征： 乔木型，树姿开张，分枝稀；大叶类，叶长15.2cm、宽5.2cm，叶片长椭圆形，斜向上着生，叶色深绿色，叶面隆起，叶身内折，叶基楔形，叶尖渐尖，叶缘波。新梢芽叶紫红色，茸毛密。花冠3.0～3.8cm，花瓣白色，雌蕊与雄蕊等高，花柱3裂，分裂位置高。

生长特性： 早生种，广东英德一芽三叶期为3月上旬。新梢芽叶生育力强，一芽三叶百芽重68.0g。春茶一芽二叶干样约含水浸出物34.8%、氨基酸2.9%、茶多酚23.9%、咖啡碱4.1%、花青素0.7%。

生产性能： 可用于生产高花青素茶叶产品。抗寒性弱，扦插繁殖力强，适宜在华南茶区种植。

红叶15号

Camellia sinensis **var.** *assamica*（Masters）**Kitamura cv.** *Hongye 15*

来　　源：从广东英德种植的云南大叶种后代群体筛选出的新品系。

形态特征：乔木型，树姿半开张，分枝稀；大叶类，叶长14.8cm、宽5.0cm，叶片中等椭圆形，斜向上着生，叶色深绿色，叶面隆起，叶身内折，叶基楔形，叶尖渐尖，叶缘波。新梢芽叶紫红色，茸毛密。花冠3.5～4.0cm，花瓣白色，雌蕊高于雄蕊，花柱3裂，分裂位置高。

生长特性：早生种，广东英德一芽三叶期为3月上旬。新梢芽叶生育力和持嫩性强，一芽三叶百芽重68.0g。春茶一芽二叶干样约含水浸出物35.3%、氨基酸3.5%、茶多酚21.2%、咖啡碱3.5%、花青素0.7%。

生产性能：可用于生产高花青素茶叶产品。抗寒性弱，扦插繁殖力强，适宜在华南茶区种植。

红叶16号

Camellia sinensis* var. *assamica*（Masters）Kitamura cv. *Hongye 16

来　　源： 从广东英德种植的云南大叶种后代群体筛选出的新品系。

形态特征： 乔木型，树姿半开张，分枝中等；大叶类，叶长14.6cm、宽5.7cm，叶片中等椭圆形，斜向上着生，叶色深绿色，叶面隆起，叶身内折，叶基楔形，叶尖渐尖，叶缘波。新梢芽头绿色，嫩叶紫红色，茸毛密。花冠3.0～3.5cm，花瓣白色，雌蕊高于雄蕊，花柱3裂，分裂位置低。

生长特性： 早生种，广东英德一芽三叶期为3月上旬。新梢芽叶生育力和持嫩性强，一芽三叶百芽重73.0g。春茶一芽二叶干样约含水浸出物42.6%、氨基酸2.5%、茶多酚23.7%、咖啡碱3.5%、花青素0.8%。

生产性能： 可用于生产高花青素茶叶产品。抗寒性弱，扦插繁殖力强，适宜在华南茶区种植。

红叶17号

Camellia sinensis var. *assamica*（Masters）Kitamura cv. *Hongye 17*

来　　源：从广东英德种植的云南大叶种后代群体筛选出的新品系。

形态特征：乔木型，树姿半开张，分枝稀；大叶类，叶长13.7cm、宽5.4cm，叶片阔椭圆形，斜向上着生，叶色深绿色，叶面隆起，叶身内折，叶基钝，叶尖钝，叶缘波。新梢芽叶紫红色，茸毛密。花冠3.5~4.0cm，花瓣白色，雌蕊与雄蕊等高，花柱3裂，分裂位置高。

生长特性：早生种，原产地一芽三叶期为3月上旬。新梢芽叶生育力和持嫩性强，一芽三叶百芽重69.0g。春茶一芽二叶干样约含水浸出物41.8%、氨基酸2.8%、茶多酚21.7%、咖啡碱3.4%、花青素0.7%。

生产性能：可用于生产高花青素茶叶产品。抗寒性弱，扦插繁殖力强，适宜在华南茶区种植。

红叶18号

Camellia sinensis var. *assamica*（Masters）Kitamura cv. *Hongye 18*

来　　源：从广东英德种植的云南大叶种后代群体筛选出的新品系。

形态特征：乔木型，树姿半开张，分枝中等；大叶类，叶长15.8cm、宽5.1cm，叶片中等椭圆形，斜向上着生，叶色深绿色，叶面隆起，叶身内折，叶基楔形，叶尖渐尖，叶缘微波。新梢芽叶紫红色，茸毛密。花冠3.5～4.0cm，花瓣白色，雌蕊高于雄蕊，花柱3裂，分裂位置低。

生长特性：早生种，广东英德一芽三叶期为3月上旬。新梢芽叶生育力和持嫩性强，一芽三叶百芽重89.0g。春茶一芽二叶干样约含水浸出物44.8%、氨基酸2.8%、茶多酚24.6%、咖啡碱3.2%、花青素0.7%。

生产性能：可用于生产高花青素茶叶产品。抗寒性弱，扦插繁殖力强，适宜在华南茶区种植。

红叶19号

Camellia sinensis var. *assamica*（Masters）Kitamura cv. *Hongye 19*

来　　源：从广东英德种植的云南大叶种后代群体筛选出的新品系。

形态特征：乔木型，树姿开张，分枝中等；大叶类，叶长14.8cm、宽5.4cm，叶片中等椭圆形，斜向上着生，叶色绿色，叶面隆起，叶身内折，叶基楔形，叶尖渐尖，叶缘波。新梢芽叶紫红色，茸毛密。花冠4.0~4.5cm，花瓣白色，雌蕊与雄蕊等高，花柱3裂，分裂位置高。

生长特性：早生种，广东英德一芽三叶期为3月上旬。新梢芽叶生育力强，一芽三叶百芽重84.0g。春茶一芽二叶干样约含水浸出物44.9%、氨基酸3.2%、茶多酚23.9%、咖啡碱3.1%、花青素0.8%。

生产性能：可用于生产高花青素茶叶产品。抗寒性弱，扦插繁殖力强，适宜在华南茶区种植。

红叶20号

Camellia sinensis var. *assamica*（Masters）Kitamura cv. *Hongye 20*

来　　源：从广东英德种植的云南大叶种后代群体筛选出的新品系。

形态特征：乔木型，树姿开张，分枝中等；大叶类，叶长14.7cm、宽5.7cm，叶片阔椭圆形，斜向上着生，叶色深绿色，叶面隆起，叶身内折，叶基楔形，叶尖渐尖，叶缘波。新梢芽叶紫红色，茸毛密。花冠3.5~4.0cm，花瓣白色，雌蕊与雄蕊等高，花柱3裂，分裂位置中。

生长特性：早生种，广东英德一芽三叶期为3月上旬。新梢芽叶生育力和持嫩性强，一芽三叶百芽重91.0g。春茶一芽二叶干样约含水浸出物43.3%、氨基酸3.1%、茶多酚22.8%、咖啡碱3.6%、花青素0.6%。

生产性能：可用于生产高花青素茶叶产品。抗寒性弱，扦插繁殖力强，适宜在华南茶区种植。

红叶21号

Camellia sinensis var. *assamica*（Masters）Kitamura cv. *Hongye 21*

来　　源：从广东英德种植的云南大叶种后代群体筛选出的新品系。

形态特征：乔木型，树姿开张，分枝中等；大叶类，叶长15.4cm、宽5.5cm，叶片中等椭圆形，斜向上着生，叶色深绿色，叶面隆起，叶身内折，叶基楔形，叶尖渐尖，叶缘波。新梢芽叶紫红色，茸毛密。花冠3.3～3.5cm，花瓣白色，雌蕊高于雄蕊，花柱3裂，分裂位置低。

生长特性：早生种，广东英德一芽三叶期为3月上旬。新梢芽叶生育力和持嫩性强，一芽三叶百芽重77.0g。春茶一芽二叶干样约含水浸出物41.9%、氨基酸2.7%、茶多酚21.4%、咖啡碱3.1%、花青素0.6%。

生产性能：可用于生产高花青素茶叶产品。抗寒性弱，扦插繁殖力强，适宜在华南茶区种植。

红叶22号

Camellia sinensis var. *assamica*（Masters）Kitamura cv. *Hongye 22*

来　　源：从广东英德种植的云南大叶种后代群体筛选出的新品系。

形态特征：乔木型，树姿开张，分枝中等；大叶类，叶长13.7cm、宽4.9cm，叶片中等椭圆形，斜向上着生，叶色深绿色，叶面隆起，叶身内折，叶基楔形，叶尖渐尖，叶缘微波。新梢芽叶紫绿色，茸毛密。花冠3.5～4.2cm，花瓣白色，雌蕊高于雄蕊，花柱3裂，分裂位置中。

生长特性：早生种，广东英德一芽三叶期为3月上旬。新梢芽叶生育力和持嫩性强，一芽三叶百芽重77.0g。春茶一芽二叶干样约含水浸出物47.6%、氨基酸2.5%、茶多酚24.4%、咖啡碱3.1%、花青素0.7%。

生产性能：可用于生产高花青素茶叶产品。抗寒性弱，扦插繁殖力强，适宜在华南茶区种植。

红叶23号

Camellia sinensis var. *assamica*（Masters）Kitamura cv. *Hongye 23*

来　　源：从广东英德种植的云南大叶种后代群体筛选出的新品系。

形态特征：乔木型，树姿开张，分枝密；大叶类，叶长14.6cm、宽4.8cm，叶片长椭圆形，斜向上着生，叶色深绿色，叶面微隆，叶身内折，叶基楔形，叶尖渐尖，叶缘波。新梢芽叶紫红色，茸毛密。花冠4.0～4.5cm，花瓣白色，雌蕊高于雄蕊，花柱3裂，分裂位置中。

生长特性：早生种，广东英德一芽三叶期为3月上旬。新梢芽叶生育力和持嫩性强，一芽三叶百芽重79.0g。春茶一芽二叶干样约含水浸出物45.7%、氨基酸2.7%、茶多酚21.4%、咖啡碱3.3%、花青素0.7%。

生产性能：可用于生产高花青素茶叶产品。抗寒性弱，扦插繁殖力强，适宜在华南茶区种植。

红叶24号

Camellia sinensis var. *assamica*（Masters）Kitamura cv. *Hongye 24*

来　　源： 从广东英德种植的云南大叶种后代群体筛选出的新品系。

形态特征： 乔木型，树姿半开张，分枝中等；中叶类，叶长10.6cm、宽4.7cm，叶片中等椭圆形，斜向上着生，叶色深绿色，叶面隆起，叶身内折，叶基楔形，叶尖渐尖，叶缘波。新梢芽叶紫绿色，茸毛密。花冠3.3～3.8cm，花瓣白色，雌蕊高于雄蕊，花柱3裂，分裂位置高。

生长特性： 早生种，广东英德一芽三叶期为3月上旬。新梢芽叶生育力和持嫩性强，一芽三叶百芽重64.0g。春茶一芽二叶干样约含水浸出物44.6%、氨基酸2.4%、茶多酚24.7%、咖啡碱3.1%、花青素0.7%。

生产性能： 可用于生产高花青素茶叶产品。抗寒性弱，扦插繁殖力强，适宜在华南茶区种植。

红叶25号

Camellia sinensis var. *assamica*（Masters）Kitamura cv. *Hongye 25*

来　　源：从广东英德种植的云南大叶种后代群体筛选出的新品系。

形态特征：乔木型，树姿半开张，分枝中等；中叶类，叶长10.8cm、宽5.2cm，叶片阔椭圆形，斜向上着生，叶色深绿色，叶面隆起，叶身内折，叶基钝，叶尖渐尖，叶缘波。新梢芽叶紫红色，茸毛密。花冠3.5～4.0cm，花瓣白色，雌蕊与雄蕊等高，花柱3裂，分裂位置高。

生长特性：早生种，广东英德一芽三叶期为3月上旬。新梢芽叶生育力和持嫩性强，一芽三叶百芽重74.0g。春茶一芽二叶干样约含水浸出物41.6%、氨基酸2.4%、茶多酚23.2%、咖啡碱3.1%、花青素0.7%。

生产性能：可用于生产高花青素茶叶产品。抗寒性弱，扦插繁殖力强，适宜在华南茶区种植。

红叶26号

Camellia sinensis var. *assamica*（Masters）Kitamura cv. *Hongye 26*

来　　源：从广东英德种植的云南大叶种后代群体筛选出的新品系。

形态特征：乔木型，树姿半开张，分枝中等；中叶类，叶长10.6cm、宽9.5cm，叶片阔椭圆形，斜向上着生，叶色深绿色，叶面隆起，叶身内折，叶基楔形，叶尖渐尖，叶缘波。新梢芽叶紫红色，茸毛密度中等。花冠4.0～4.5cm，花瓣白色，雌蕊与雄蕊等高，花柱3裂，分裂位置高。

生长特性：早生种，广东英德一芽三叶期为3月上旬。新梢芽叶生育力和持嫩性强，一芽三叶百芽重68.0g。春茶一芽二叶干样约含水浸出物43.5%、氨基酸2.5%、茶多酚22.8%、咖啡碱3.0%、花青素0.7%。

生产性能：可用于生产高花青素茶叶产品。抗寒性弱，扦插繁殖力强，适宜在华南茶区种植。

紫叶2号

Camellia sinensis var. *assamica*（Masters）Kitamura cv. *Ziye 2*

来　　源：从广东广州种植的云南大叶种后代群体筛选出的新品系。

形态特征：小乔木型，树姿开张，分枝中等；大叶类，叶长15.2cm、宽5.8cm，叶片中等椭圆形，斜向上着生，叶色绿色，叶面隆，叶身内折，叶基钝，叶尖急尖，叶缘波。新梢芽叶紫绿色，茸毛密度中等。花瓣白色，花冠直径4.5～5.0cm，雌蕊与雄蕊等高，花柱3裂，分裂位置中。

生长特性：中生种，广州一芽三叶期为3月下旬。生长势强，一芽三叶百芽重166.0g。

生产性能：适制绿茶。抗寒性中等，抗旱性中等。

紫叶3号

Camellia sinensis var. *assamica*（Masters）Kitamura cv. *Ziye 3*

来　　源：从广东广州种植的云南大叶种后代群体筛选出的新品系。

形态特征：小乔木型，树姿半开张，分枝密；大叶类，叶长14.7cm、宽5.5cm，叶片中等椭圆形，斜向上着生，叶色绿色，叶面隆，叶身内折，叶基楔形，叶尖急尖，叶缘平。新梢芽叶紫红色，茸毛密。花瓣白色，花冠直径3.0～4.0cm，雌蕊与雄蕊等高，花柱3裂，分裂位置高。

生长特性：早生种，广州一芽三叶期为3月上旬。生长势强，一芽三叶百芽重141.0g。

生产性能：适制绿茶。抗寒性中等，抗旱性中等。

紫叶4号

Camellia sinensis var. *assamica*（Masters）Kitamura cv. *Ziye 4*

来　　源：从广东广州种植的云南大叶种后代群体筛选出的新品系。

形态特征：小乔木型，树姿半开张，分枝密；中叶类，叶长11.2cm、宽4.3cm，叶片窄椭圆形，斜向上着生，叶色绿色，叶面微隆，叶身平，叶基楔形，叶尖渐尖，叶缘平。新梢芽叶紫绿色，茸毛密度中等。花瓣白色，花冠直径2.8～3.5cm，雌蕊与雄蕊等高，花柱3裂，分裂位置高。

生长特性：早生种，广州一芽三叶期为3月上旬。一芽三叶百芽重113.0g。

生产性能：适制绿茶。抗寒性中等，抗旱性中等。

紫叶8号

Camellia sinensis var. *assamica*（Masters）Kitamura cv. *Ziye 8*

来　　源：从广东广州种植的云南大叶种后代群体筛选出的新品系。

形态特征：小乔木型，树姿开张，分枝中等；大叶类，叶长14.6cm、宽4.8cm，叶片窄椭圆形，斜向上着生，叶色绿色，叶面隆起，叶身内折，叶基钝，叶尖渐尖，叶缘微波。新梢芽叶紫绿色，茸毛密度中等。花瓣白色，花冠直径2.8～3.5cm，雌蕊高于雄蕊，花柱3裂，分裂位置高。

生长特性：早生种，广州一芽三叶期为3月上旬。一芽三叶百芽重170.0g。

生产性能：适制绿茶。抗寒性中等，抗旱性中等。

紫叶10号

Camellia sinensis var. *assamica*（Masters）Kitamura cv. *Ziye 10*

来　　源：从广东广州种植的云南大叶种后代群体筛选出的新品系。

形态特征：小乔木型，树姿半开张，分枝中等；中叶类，叶长11.6cm、宽3.2cm，叶片中等椭圆形，斜向上着生，叶色绿色，叶面隆起，叶身内折，叶基钝，叶尖急尖，叶缘微波。新梢芽叶紫绿色，茸毛密度中等。花瓣白色，花冠直径4.0～5.0cm，雌蕊与雄蕊等高，花柱3裂，分裂位置高。

生长特性：早生种，原产地一芽三叶期为3月上旬。一芽三叶百芽重104.0g。

生产性能：适制绿茶。抗寒性中等，抗旱性中等。

紫叶12号

Camellia sinensis* var. *assamica*（Masters）Kitamura cv. *Ziye 12

来　　源： 从广东广州种植的云南大叶种后代群体筛选出的新品系。

形态特征： 小乔木型，树姿开张，分枝中等；大叶类，叶长12.5cm、宽4.7cm，叶片中等椭圆形，水平着生，叶色深绿色，叶面隆起，叶身内折，叶基钝，叶尖急尖，叶缘平。新梢芽叶紫绿色，茸毛密度中等。花瓣数白色，花冠直径3.5～4.5cm，雌蕊高于雄蕊，花柱3裂，分裂位置高。

生长特性： 早生种，原产地一芽三叶期为3月上旬。一芽三叶百芽重121.0g。

生产性能： 适制绿茶。抗寒性中等，抗旱性中等。

紫叶21号

Camellia sinensis var. *assamica*（Masters）Kitamura cv. *Ziye 21*

来　　源：从广东广州种植的云南大叶种后代群体筛选出的新品系。

形态特征：小乔木型，树姿半开张，分枝中等；大叶类，叶长12.8cm、宽4.8cm，叶片阔椭圆形，斜向上着生，叶色绿色，叶面隆起，叶身平，叶基近圆，叶尖急尖，叶缘平。新梢芽叶紫绿色，茸毛密度中等。花瓣白色，花冠直径3.0～4.0cm，雌蕊高于雄蕊，花柱3裂，分裂位置高。

生长特性：早生种，原产地一芽三叶期为3月上旬。一芽三叶百芽重164.0g。

生产性能：适制绿茶。抗寒性中等，抗旱性中等。

紫叶24号

Camellia sinensis var. *assamica*（Masters）Kitamura cv. *Ziye 24*

来　　源：从广东广州种植的云南大叶种后代群体筛选出的新品系。

形态特征：小乔木型，树姿直立，分枝稀；大叶类，叶长12.8cm、宽5.7cm，叶片中等椭圆形，斜向上着生，叶色绿色，叶面隆起，叶身平，叶基楔形，叶尖急尖，叶缘平。新梢芽叶紫绿色，茸毛密度中等。花瓣白色，花冠直径3.0～4.0cm，雌蕊高于雄蕊，花柱3裂，分裂位置高。

生长特性：原产地一芽三叶期为3月上旬。一芽三叶百芽重102.0g。

生产性能：适制绿茶。抗寒性中等，抗旱性中等。

紫叶26号

Camellia sinensis（L.）*O. Kuntze cv. Ziye 26*

来　　源： 从广东广州种植的云南大叶种后代群体筛选出的新品系。

形态特征： 小乔木型，树姿开张，分枝中等；中叶类，叶长10.4cm、宽3.9cm，叶片中等椭圆形，斜向上着生，叶色绿色，叶面隆起，叶身平，叶基钝，叶尖急尖，叶缘平。新梢芽叶紫绿色，茸毛密度中等。花瓣白色，花冠直径3.0～4.0cm，雌蕊与雄蕊等高，花柱3裂，分裂位置高。

生长特性： 早生种，广州一芽三叶期为3月上旬。一芽三叶百芽重96.0g。

生产性能： 适制绿茶。抗寒性中等，抗旱性中等。

紫叶27号

Camellia sinensis（L.）O. Kuntze cv. Ziye 27

来　　源： 从广东广州种植的云南大叶种后代群体筛选出的新品系。

形态特征： 小乔木型，树姿半开张，分枝密；中叶类，叶长10.6cm、宽3.8cm，叶片中等椭圆形，水平着生，叶色绿色，叶面微隆，叶身平，叶基楔形，叶尖急尖，叶缘微波。新梢芽叶紫绿色，茸毛密。花瓣白色，花冠直径3.5～4.0cm，雌蕊与雄蕊等高，花柱3裂，分裂位置中。

生长特性： 广州一芽三叶期为3月上旬。一芽三叶百芽重154.0g。

生产性能： 适制绿茶。抗寒性中等，抗旱性中等。

鸿雁2号

Camellia sinensis（L.）O. Kuntze cv. *Hongyan 2*

来　　源：由广东省农业科学院茶叶研究所从铁观音自然杂交后代采用单株育种法筛选的无性系。

形态特征：灌木型，树姿半开张，分枝密；中叶类，叶长9.6cm、宽3.6cm，叶片中等椭圆形，斜向上着生，叶色深绿色，叶面微隆，叶身平，叶基楔形，叶尖渐尖，叶缘微波。新梢芽叶黄绿色，茸毛密度中等。花冠3.5～4.0cm，花瓣白色，雌蕊高于雄蕊，花柱3裂，分裂位置中。

生长特性：早生种，广东英德一芽三叶期为2月下旬。新梢芽叶生育力和持嫩性强，一芽三叶百芽重106.0.0g。春茶一芽二叶干样约含水浸出物46.4%、氨基酸2.4%、茶多酚23.8%、咖啡碱3.0%。

生产性能：适制乌龙茶，花香高长持久，滋味浓爽滑口，汤色橙黄明亮。抗寒性弱，扦插繁殖力强，适宜在华南茶区种植。

鸿雁3号

Camellia sinensis（L.）O. Kuntze cv. *Hongyan 3*

来　　源：由广东省农业科学院茶叶研究所从铁观音自然杂交后代采用单株育种法筛选的无性系。

形态特征：树姿半开张，分枝中等；中叶类，叶长10.5cm、宽3.8cm，叶片窄椭圆形，斜向上着生，叶色深绿色，叶面微隆，叶身平，叶基楔形，叶尖渐尖，叶缘微波。新梢芽叶黄绿色，茸毛密度中等。花冠2.5～3.3cm，花瓣白色，雌蕊高于雄蕊，花柱3裂，分裂位置中。

生长特性：早生种，广东英德一芽三叶期为2月下旬。新梢芽叶生育力和持嫩性强，一芽三叶百芽重87.0g。春茶一芽二叶干样约含水浸出物45.5%、氨基酸2.8%、茶多酚24.6%、咖啡碱2.9%。

生产性能：适制乌龙茶，花香高长持久，滋味浓爽滑口，汤色黄绿明亮。抗寒性弱，扦插繁殖力强，适宜在华南茶区种植。

鸿雁4号

Camellia sinensis（L.）*O. Kuntze cv. Hongyan 4*

来　　源： 由广东省农业科学院茶叶研究所从铁观音自然杂交后代采用单株育种法筛选的无性系。

形态特征： 灌木型，树姿开张，分枝中等；中叶类，叶长9.9cm、宽4.0cm，叶片长椭圆形，斜向上着生，叶色深绿色，叶面隆，叶身平，叶基楔形，叶尖渐尖，叶缘微波。新梢芽叶紫绿色，茸毛密度中等。花冠3.5～4.0cm，花瓣白色，雌蕊高于雄蕊，花柱3裂，分裂位置高。

生长特性： 早生种，广东英德一芽三叶期为3月上旬。新梢芽叶生育力和持嫩性强，一芽三叶百芽重92.0g。春茶一芽二叶干样约含水浸出物43.7%、氨基酸32.3%、茶多酚26.8%、咖啡碱2.9%。

生产性能： 适制乌龙茶，花香高长持久，滋味浓爽滑口，叶底嫩匀。抗寒性弱，扦插繁殖力强，适宜在华南茶区种植。

鸿雁5号

Camellia sinensis（L.）O. Kuntze cv. *Hongyan 5*

来　　源： 由广东省农业科学院茶叶研究所从八仙茶自然杂交后代采用单株育种法筛选的无性系。

形态特征： 灌木型，树姿开张，分枝中等；中叶类，叶长10.2cm、宽4.5cm，叶片中等椭圆形，斜向上着生，叶色深绿色，叶面微隆，叶身平，叶基楔形，叶尖渐尖，叶缘微波。新梢芽叶浅绿色，茸毛稀。花冠4.0～4.5cm，花瓣白色，雌蕊高于雄蕊，花柱3裂，分裂位置中。

生长特性： 中生种，广东英德一芽三叶期为3月中旬。新梢芽叶生育力和持嫩性强，一芽三叶百芽重88.0g。春茶一芽二叶干样约含水浸出物45.9%、氨基酸2.4%、茶多酚23.7%、咖啡碱3.0%。

生产性能： 适制乌龙茶，花香高长持久，滋味浓爽滑口，汤色橙黄明亮，叶底嫩匀。抗寒性弱，扦插繁殖力强，适宜在华南茶区种植。

鸿雁6号

Camellia sinensis（L.）O. Kuntze cv. *Hongyan 6*

来　　源： 由广东省农业科学院茶叶研究所从八仙茶自然杂交后代采用单株育种法筛选的无性系。

形态特征： 小乔木型，树姿半开张，分枝中等；中叶类，叶长10.6cm、宽5.2cm，叶片窄椭圆形，斜向上着生，叶色深绿色，叶面微隆，叶身平，叶基楔形，叶尖渐尖，叶缘微波。新梢芽叶浅绿色，茸毛稀。花冠4.0～4.5cm，花瓣白色，雌蕊高于雄蕊，花柱3裂，分裂位置中。

生长特性： 中生种，广东英德一芽三叶期为3月中旬。新梢芽叶生育力和持嫩性强，一芽三叶百芽重97.0g。春茶一芽二叶干样约含水浸出物42.8%、氨基酸2.7%、茶多酚22.9%、咖啡碱3.5%。

生产性能： 适制乌龙茶，花香高长持久，滋味浓爽滑口，汤色黄绿明亮。抗寒性弱，扦插繁殖力强，适宜在华南茶区种植。

鸿雁8号

Camellia sinensis（L.）*O. Kuntze cv. Hongyan 8*

来　　源：由广东省农业科学院茶叶研究所从八仙茶自然杂交后代采用单株育种法筛选的无性系。

形态特征：小乔木型，树姿半开张，分枝中等；中叶类，叶长9.8cm、宽3.8cm，叶片阔椭圆形，斜向上着生，叶色深绿色，叶面隆，叶身平，叶基楔形，叶尖渐尖，叶缘波。新梢芽叶黄绿色，茸毛密度中等。花冠4.0～4.5cm，花瓣白色，雌蕊高于雄蕊，花柱3裂，分裂位置中。

生长特性：中生种，广东英德一芽三叶期为3月中旬。新梢芽叶生育力和持嫩性强，一芽三叶百芽重106.0g。春茶一芽二叶干样约含水浸出物46.4%、氨基酸3.1%、茶多酚23.8%、咖啡碱3.0%。

生产性能：适制乌龙茶，花香高长持久，滋味浓爽滑口，汤色橙黄明亮。抗寒性弱，扦插繁殖力强，适宜在华南茶区种植。

鸿雁10号

Camellia sinensis（L.）O. Kuntze cv. *Hongyan 10*

来　　源：由广东省农业科学院茶叶研究所从八仙茶自然杂交后代采用单株育种法筛选的无性系。

形态特征：灌木型，树姿开张，分枝中等；中叶类，叶长10.5cm、宽4.3cm，叶片椭圆形，斜向上着生，叶色深绿色，叶面隆，叶身平，叶基楔形，叶尖渐尖，叶缘微波。新梢芽叶紫绿色，茸毛密度中等。花冠4.0～4.5cm，花瓣白色，雌蕊高于雄蕊，花柱3裂，分裂位置高。

生长特性：早生种，广东英德一芽三叶期为2月下旬。新梢芽叶生育力和持嫩性强，一芽三叶百芽重87.0g。春茶一芽二叶干样约含水浸出物42.7%、氨基酸2.6%、茶多酚24.9%、咖啡碱3.8%。

生产性能：适制乌龙茶，花香高长持久，滋味浓爽滑口，汤色黄绿明亮，叶底嫩匀。抗寒性弱，扦插繁殖力强，适宜在华南茶区种植。

鸿雁11号

Camellia sinensis（L.）O. Kuntze cv. *Hongyan 11*

来　　源：由广东省农业科学院茶叶研究所从大叶奇兰群体采用单株育种法筛选的无性系。

形态特征：小乔木型，树姿开张，分枝中等；中叶类，叶长10.8cm、宽4.3cm，叶片中等椭圆形，斜向上着生，叶色深绿色，叶面微隆，叶身平，叶基楔形，叶尖渐尖，叶缘微波。新梢芽叶黄绿色，茸毛稀。花冠3.0～3.5cm，花瓣白色，雌蕊高于雄蕊，花柱3裂，分裂位置高。

生长特性：中生种，广东英德一芽三叶期为3月中旬。新梢芽叶生育力和持嫩性强，一芽三叶百芽重79.0g。春茶一芽二叶干样约含水浸出物41.4%、氨基酸2.4%、茶多酚25.8%、咖啡碱3.3%。

生产性能：适制乌龙茶，花香高长持久，滋味浓爽滑口，汤色黄绿明亮，叶底嫩匀。抗寒性弱，扦插繁殖力强，适宜在华南茶区种植。

鸿雁14号

Camellia sinensis（L.）O. Kuntze cv. *Hongyan 14*

来　　源：由广东省农业科学院茶叶研究所从八仙茶自然杂交后代采用单株育种法筛选的无性系。

形态特征：小乔木型，树姿开张，分枝密；中叶类，叶长10.7cm、宽5.2cm，叶片阔椭圆形，斜向上着生，叶色深绿色，叶面隆起，叶身平，叶基楔形，叶尖渐尖，叶缘波。新梢芽叶浅绿色，茸毛密度中等。花冠4.0～4.5cm，花瓣白色，雌蕊高于雄蕊，花柱3裂，分裂位置高。

生长特性：中生种，广东英德一芽三叶期为3月中旬。新梢芽叶生育力和持嫩性强，一芽三叶百芽重103.0g。春茶一芽二叶干样约含水浸出物46.7%、氨基酸2.7%、茶多酚24.6%、咖啡碱3.6%。

生产性能：适制乌龙茶，花香高长持久，滋味浓爽滑口，汤色黄绿明亮，叶底嫩匀。抗寒性弱，扦插繁殖力强，适宜在华南茶区种植。

宋种

Camellia sinensis（L.）O. Kuntze cv. *Songzhong*

来　　源：从潮州潮安凤凰镇宋种单丛茶母树采枝扦插繁育的单株。

形态特征：小乔木型，树姿半开张，分枝密；中叶类，叶长11.2cm、宽4.0cm，叶片窄椭圆形，斜向上着生，叶色绿色，叶面微隆，叶身内折，叶基楔形，叶尖急尖，叶缘平。新梢芽叶黄绿色，茸毛稀。花冠3.0～3.5cm，花瓣白色，雌蕊高于雄蕊，花柱3裂，分裂位置高。

生长特性：中生种，广东英德一芽三叶期为3月下旬。

生产性能：适制乌龙茶，具有浓郁栀子花香。

竹叶

Camellia sinensis（L.）O. Kunze cv. *Zhuye*

来　　源：从潮州单丛茶群体引进的无性系。

形态特征：小乔木型，树姿直立，分枝中等；中叶类，叶长11.7cm、宽3.5cm，叶片披针形，形似竹子叶片，斜向上着生，叶色绿色，叶面平，叶身内折，叶基楔形，叶尖渐尖，叶缘平。新梢芽叶绿色，茸毛密度中等。

生长特性：晚生种，广东广州一芽三叶期为4月中旬。新梢芽叶持嫩性强。

生产性能：适制乌龙茶，成茶条索紧结壮直，芝兰香高锐持久。

通天香

Camellia sinensis（L.）*O. Kunze cv. Tongtianxiang*

来　　源： 从潮州单丛茶群体引进的单株。

形态特征： 小乔木型，树姿直立，分枝中等；中叶类，叶长11.6cm、宽4.1cm，叶片窄椭圆形，斜向上着生，叶色绿色，叶面平，叶身内折，叶基楔形，叶尖急尖，叶缘平。新梢芽叶绿色，茸毛密度中等。

生长特性： 晚生种，广东广州一芽三叶期为4月中旬。新梢芽叶持嫩性强。

生产性能： 适制乌龙茶。成茶条索紧结，乌褐油亮，汤色金黄，油润透亮，清幽淡雅的姜花香味清高持久。

夜来香

Camellia sinensis（L.）*O. Kunze cv. Yelaixiang*

来　　源： 从潮州单丛茶群体引进的单株。

形态特征： 小乔木型，树姿半开张，分枝中等；中叶类，叶长11.3cm、宽4.6cm，叶片椭圆形，斜向上着生，叶色绿色，叶面微隆，叶身平，叶基楔形，叶尖渐尖，叶缘平。新梢芽叶绿色，茸毛稀。

生长特性： 中生种，广东广州一芽三叶期为4月上旬。新梢芽叶持嫩性强。

生产性能： 适制乌龙茶。成茶条索紧结，浅褐色油润，具有自然的夜来香花味，香气浓郁，甘醇鲜爽，韵味独特，汤色金黄明亮。

鸭屎香

Camellia sinensis（L.）O. Kunze cv. *Yashixiang*

来　　源：从潮州单丛茶群体引进的无性系。

形态特征：小乔木型，树姿半开张，分枝稀；中叶类，叶长10.6cm、宽4.5cm，叶片长椭圆形，斜向上着生，叶色绿色，叶面平，叶身内折，叶基钝，叶尖渐尖，叶缘平。新梢芽叶绿色，茸毛极稀。

生长特性：晚生种，广东广州一芽三叶期为4月中旬。新梢芽叶持嫩性强。

生产性能：适制乌龙茶。成茶香气浓郁持久，汤色橙黄明亮，韵味好，微苦。

雷扣柴

Camellia sinensis（L.）O. Kunze cv. *Leikouchai*

来　　源：从潮州单丛茶群体引进的无性系。

形态特征：小乔木型，树姿半开张，分枝中等；中叶类，叶长11.4cm、宽4.3cm，叶片长椭圆形，斜向上着生，叶色绿色，叶面平，叶身内折，叶基楔形，叶尖渐尖，叶缘微波。新梢芽叶绿色略带紫，茸毛较密。

生长特性：中生种，广东广州一芽三叶期为4月上旬。新梢芽叶持嫩性强。

生产性能：适制乌龙茶。成茶条索紧结匀直，色泽乌褐油润；内质香气浓郁，兰花香明显，汤色橙黄明亮，滋味甘醇清爽，耐冲泡，叶底软亮匀整，带红镶边。

西岩乌龙

Camellia sinensis（L.）O. Kuntze cv. *Xiyan wulong*

来　　源：从梅州西岩乌龙茶树群体中经单株系统选育而成的无性系。

形态特征：小乔木型，树姿直立，分枝密；中叶类，叶长9.6cm、宽5.5cm，叶片椭圆形，斜向上着生，叶色绿色，叶面平，叶身平，叶基楔形，叶尖渐尖，叶缘平。新梢芽叶绿色，茸毛密。花冠3.0～3.5cm，花瓣白色，雌蕊高于雄蕊，花柱3裂，分裂位置高。

生长特性：中生种，广东英德一芽三叶期为3月下旬。新梢芽叶生育力强，一芽三叶百芽重62.0g。

生产性能：适制乌龙茶，条索紧结，香浓持久，汤色橙黄明亮。抗寒性弱，扦插繁育力强，适宜在华南茶区种植。

奇兰香

Camellia sinensis（L.）O. Kunze cv. *Qilanxiang*

来　　源：从潮州单丛茶群体引进的单株。

形态特征：小乔木型，树姿半开张，分枝密；中叶类，叶长10.4cm、宽4.4cm，叶片椭圆形，斜向上着生，叶色绿色，叶面平，叶身内折，叶基楔形，叶尖急尖，叶缘平。新梢芽叶绿色，茸毛密。花冠2.5～3.0cm，花瓣白色，雌蕊高于雄蕊，花柱3裂，分裂位置高。

生长特性：晚生种，广东英德一芽三叶期为4月中旬。新梢芽叶生育力强，一芽三叶百芽重64.0g。

生产性能：适制乌龙茶。抗寒性弱，扦插繁育力较强。

鸡笼刊

Camellia sinensis（L.）*O. Kunze cv. Jilongkan*

来　　源：从潮州凤凰单丛鸡笼刊母树采枝扦插繁育而成的无性系。

形态特征：小乔木型，树姿半开张，分枝密；中叶类，叶长10.2cm、宽4.3cm，叶片椭圆形，斜向上着生，叶色绿色，叶面平，叶身内折，叶基楔形，叶尖渐尖，叶缘平。新梢芽叶绿色，茸毛稀。花冠3.0～3.5cm，花瓣白色，雌蕊与雄蕊等高，花柱3裂，分裂位置高。

生长特性：中生种，广东英德一芽三叶期为4月上旬。新梢芽叶生育力强，一芽三叶百芽重58.0g。

生产性能：适制乌龙茶，兰香高雅，汤色金黄明亮，滋味醇厚爽滑，韵味浓。抗寒性弱，扦插繁育力较强。

山茄叶

Camellia sinensis（L.）O. Kunze cv. Shanqieye

来　　源：从潮州凤凰单丛山茄叶母树采枝扦插繁育而成的无性系。

基本属性：无性系，小乔木型，中叶类，中生种。

形态特征：小乔木型，树姿半开张，分枝较密；中叶类，叶长10.7cm、宽4.3cm，叶片椭圆形，斜向上着生，叶色绿色，叶面平，叶身平，叶基楔形，叶尖急尖，叶缘平。新梢芽叶紫绿色，茸毛密度中等。花单生，白色，倒卵圆形，花萼绿色，花药大，花丝淡黄，雄蕊黄色，复雌蕊。花冠3.0~3.5cm，花瓣白色，雌蕊与雄蕊等高，花柱3裂，分裂位置中。

生长特性：广东英德一芽三叶期为4月上旬。新梢芽叶生育力强，一芽三叶百芽重62.0g。

生产性能：适制乌龙茶，成茶条索紧结，色泽赤褐尚润，汤色橙黄。抗寒性弱，扦插繁育力较强。

大乌叶

Camellia sinensis（L.）O. Kunze cv. *Dawuye*

来　　源：从潮州引进的无性系。

形态特征：小乔木型，树姿直立，分枝稀；中叶类，叶长11.2cm、宽4.8cm，叶片长椭圆形，水平着生，叶色深绿色，叶面平，叶身内折，叶基楔形，叶尖渐尖，叶缘平。新梢芽叶绿色，茸毛密度中等。

生长特性：中生种，广东英德一芽三叶期为4月上旬。新梢芽叶生育力强，一芽三叶百芽重86.0g。

生产性能：适制乌龙茶，成茶外形条索粗壮，匀整挺直，色泽黄褐，汪润有光，有独特的天然兰花香，滋味浓醇鲜爽。抗寒性强，扦插繁育力强。

东方红

Camellia sinensis（L.）O. Kunze cv. *Dongfanghong*

来　　源：从潮州单丛茶群体引进的无性系。

形态特征：小乔木型，树姿半开张，分枝密；中叶类，叶长11.8cm、宽4.3cm，叶片窄椭圆形，斜向上着生，叶色绿色，叶面平，叶身内折，叶基楔形，叶尖急尖，叶缘平。新梢芽叶绿色，茸毛稀。

生长特性：晚生种，广东英德一芽三叶期为4月下旬。新梢芽叶生育力较强，一芽三叶百芽重106.0g。

生产性能：适制乌龙茶，成茶品质优异，香气幽雅，有细锐的芝兰花香，滋味醇厚鲜爽，回甘力强，汤色橙黄明亮，极耐冲泡。抗寒性较好，扦插繁育力中等。

陂头

Camellia sinensis*（L.）O. Kunze cv. *Beitou

来　　源：从潮州凤凰单丛茶群体引进的无性系。

形态特征：小乔木型，树姿直立，分枝中等；大叶类，叶长13.6cm、宽4.9cm，叶片长椭圆形，斜向上着生，叶色绿色，叶面平，叶身内折，叶基楔形，叶尖渐尖，叶缘平。新梢芽叶绿色，茸毛稀。

生长特性：中生种，广东英德一芽三叶期为3月中旬。新梢芽叶生育力强。

生产性能：适制乌龙茶，成茶条索紧结，色泽乌褐尚润；香气又似夜来香香味，滋味甘醇爽口，韵味独特。扦插繁育力强。

饶平中叶2号

Camellia sinensis（L.）O. Kuntze cv. *Raoping Zhongye 2*

来　　源：从潮州茶树群体经单株系统选育而成的无性系。

形态特征：小乔木型，树姿开张，分枝密；中叶类，叶长10.5cm、宽5.5cm，叶片阔椭圆形，斜向上着生，叶色绿色，叶面微隆，叶身平，叶基近圆形，叶尖钝尖，叶缘平。新梢芽叶黄绿色，茸毛密度中等。花冠3.0~3.5cm，花瓣白色，雌蕊高于雄蕊，花柱3裂，分裂位置高。

生长特性：中生种，广东英德一芽三叶期为3月下旬。新梢芽叶生育力强，一芽三叶百芽重64.0g。

生产性能：适制乌龙茶，条索紧结，香浓持久，汤色橙黄明亮。抗寒性弱，扦插繁育力强，适宜在华南茶区种植。

饶平中叶6号

Camellia sinensis（L.）*O. Kuntze cv. Raoping Zhongye 6*

来　　源：从潮州茶树群体经单株系统选育而成的无性系。

形态特征：小乔木型，树姿半开张，分枝密；中叶类，叶长10.0cm、宽4.8cm，叶片椭圆形，斜向上着生，叶色绿色，叶面隆，叶身平，叶基近圆形，叶尖急尖，叶缘平。新梢芽叶绿色，茸毛密。花冠3.0～3.5cm，花瓣白色，雌蕊高于雄蕊，花柱3裂，分裂位置中。

生长特性：中生种，广东英德一芽三叶期为3月下旬。新梢芽叶生育力强，一芽三叶百芽重71.0g。

生产性能：适制乌龙茶，条索紧结，香浓持久，汤色橙黄明亮。抗寒性弱，扦插繁育力强，适宜在华南茶区种植。

北山单丛

Camellia sinensis（L.）*O. Kuntze cv. Beishan Dancong*

来　　源： 从潮州单丛茶群体中经单株系统选育的无性系。

形态特征： 小乔木型，无性系，树姿开张，分枝中等；大叶类，叶长14.5cm、宽4.8cm，叶片披针形，斜向上着生，叶色深绿色，叶面微隆，叶身平，叶基楔形，叶尖渐尖，叶缘微波。新梢芽叶黄绿色，无茸毛。花冠3.0～3.5cm，花瓣白色，雌蕊高于雄蕊，花柱3裂，分裂位置中。

生长特性： 晚生种，英德一芽三叶期为4月上旬。

生产性能： 适制乌龙茶。

单丛1号

Camellia sinensis（L.）O. Kuntze cv. *Dancong 1*

来　　源： 从潮州单丛茶群体中经单株系统选育的无性系。

形态特征： 小乔木型，树姿直立，分枝稀；中叶类，叶长11.3cm、宽4.8cm，叶片窄椭圆形，斜向上着生，叶色深绿色，叶面隆起，叶身平，叶基楔形，叶尖渐尖，叶缘微波。新梢芽叶黄绿色，茸毛稀。花冠3.2～3.5cm，花瓣白色，雌蕊高于雄蕊，花柱3裂，分裂位置高。

生长特性： 中生种，广东英德一芽三叶期为3月下旬。

生产性能： 适制乌龙茶。

单丛2号

Camellia sinensis（L.）O. Kuntze cv. *Dancong 2*

来　　源：从潮州单丛茶群体中经单株系统选育的无性系。

形态特征：小乔木型，树姿开张，分枝密；中叶类，叶长10.6cm、宽4.6cm，叶片椭圆形，斜向上着生，叶色深绿色，叶面隆起，叶身平，叶基楔形，叶尖渐尖，叶缘微波。新梢芽叶黄绿色，茸毛稀。花冠3.6～4.0cm，花瓣白色，雌蕊高于雄蕊，花柱3裂，分裂位置高。

生长特性：中生种，原产地一芽三叶期为3月下旬。

生产性能：适制乌龙茶。

单丛3号

Camellia sinensis（L.）*O. Kuntze cv. Dancong 3*

来　　源：从潮州单丛茶群体中经单株系统选育的无性系。

形态特征：小乔木型，树姿开张，分枝密；中叶类，叶长11.7cm、宽4.3cm，叶片中等椭圆形，斜向上着生，叶色深绿色，叶面隆起，叶身平，叶基楔形，叶尖渐尖，叶缘波。新梢芽叶黄绿色，茸毛稀。花冠3.8~4.2cm，花瓣白色，雌蕊高于雄蕊，花柱3裂，分裂位置高。

生长特性：中生种，广东英德地区一芽三叶期为3月下旬。

生产性能：适制乌龙茶。

单丛21号

Camellia sinensis（L.）O. Kuntze cv. *Dancong 21*

来　　源：从潮州单丛茶群体中经单株系统选育的无性系。

形态特征：小乔木型，树姿开张，分枝密；中叶类，叶长10.8cm、宽4.6cm，叶片中等椭圆形，斜向上着生，叶色深绿色，叶面隆起，叶身平，叶基楔形，叶尖渐尖，叶缘波。新梢芽叶黄绿色，茸毛密度中等。花冠3.8~4.1cm，花瓣白色，雌蕊高于雄蕊，花柱3裂，分裂位置高。

生长特性：中生种，广东英德一芽三叶期为3月下旬。

生产性能：适制乌龙茶。

单丛22号

Camellia sinensis（L.）O. Kuntze cv. Dancong 22

来　　源： 从潮州单丛茶群体中经单株系统选育的无性系。

形态特征： 小乔木型，树姿半开张，分枝中等；中叶类，叶长11.2cm、宽4.5cm，叶片中等椭圆形，斜向上着生，叶色绿色，叶面微隆，叶身内折，叶基楔形，叶尖渐尖，叶缘波。新梢芽叶黄绿色，无茸毛。花冠3.5～4.1cm，花瓣白色，雌蕊与雄蕊等高，花柱3裂，分裂位置高。

生长特性： 中生种，广东英德一芽三叶期为3月下旬。

生产性能： 适制乌龙茶。

单丛27号

Camellia sinensis（L.）O. Kuntze cv. Dancong 27

来　　源：从潮州单丛茶群体中经单株系统选育的无性系。

形态特征：灌木型，树姿半开张，分枝中等；中叶类，叶长10.4cm、宽4.6cm，叶片中等椭圆形，斜向上着生，叶色绿色，叶面微隆，叶身平，叶基楔形，叶尖渐尖，叶缘微波。新梢芽叶黄绿色，茸毛稀。花冠2.5～3.0cm，花瓣白色，雌蕊高于雄蕊，花柱3裂，分裂位置中。

生长特性：中生种，广东英德一芽三叶期为3月下旬。

生产性能：适制乌龙茶。

石古坪大叶乌龙

Camellia sinensis（L.）*O. Kuntze cv. Shiguping Dayewulong*

来　　源：从潮州石古坪大叶乌龙茶群体中经单株系统选育的无性系。

形态特征：小乔木型，树姿半开张，分枝中等；大叶类，叶长13.6cm、宽4.9cm，叶片阔椭圆形，斜向上着生，叶色绿色，叶面隆起，叶身平，叶基楔形，叶尖渐尖，叶缘波。花冠4.5～5.0cm，花瓣白色，雌蕊与雄蕊等高，花柱3裂，分裂位置中。

生长特性：中生种，广东英德一芽三叶期为3月中旬。

生产性能：适制乌龙茶。

石古坪小叶乌龙

Camellia sinensis（L.）*O. Kuntze cv. Shiguping Xiaoyewulong*

基本属性： 从潮州石古坪小叶乌龙茶群体中经单株系统选育的无性系。

形态特征： 小乔木型，树姿半开张，分枝中等；中叶类，叶长10.8cm、宽4.4cm，叶片中等椭圆形，斜向上着生，叶色深绿色，叶面隆起，叶身内折，叶基楔形，叶尖渐尖，叶缘波。新梢芽叶黄绿色，茸毛稀。花冠4.0～4.5cm，花瓣白色，雌蕊与雄蕊等高，花柱3裂，分裂位置中。

生长特性： 中生种，广东英德一芽三叶期为3月中旬。

生产性能： 适制乌龙茶。

仁化白毛茶

Camellia sinensis var. *pubilimba* Chang cv. *Renhua Baimaocha*

来　　源：从广东仁化白毛茶群体引进种子条播成行的群体种。

形态特征：小乔木型，树姿直立，分枝中等；大叶类，叶长13.6cm、宽4.8cm，叶片阔椭圆形，斜向上着生，叶色深绿色，叶面隆起，叶身内折，叶基楔形，叶尖渐尖，叶缘微波。新梢芽叶多紫绿色，茸毛密。叶被、新梢嫩茎多茸毛。花冠4.0～4.5cm，花瓣白色，花柱3裂。

生长特性：中生种或晚生种，广东英德一芽三叶期为3月下旬至4月中旬。

生产性能：适制花香型白茶、红茶、绿茶。抗寒性较强，扦插繁殖力不同，单株差异较大，适宜在华南茶区种植。

仁化圆茶

Camellia sinensis var. *pubilimba* Chang cv. *Renhua Yuancha*

来　　源： 从广东仁化白毛茶群体引进的无性系。

形态特征： 小乔木型，树姿半开张，分枝密；大叶类，叶长13.8cm、宽4.9cm，叶片窄椭圆形，斜向上着生，叶色绿色，叶面微隆，叶身平，叶基楔形，叶尖渐尖，叶缘微波。新梢芽叶紫绿色，茸毛密。花冠4.0~4.5cm，花瓣白色，雌蕊低于雄蕊，花柱3裂，分裂位置高。

生长特性： 晚生种，广东英德一芽三叶期为4月中旬。

生产性能： 适制花香型白茶、红茶、绿茶。抗寒性较强，适宜在华南茶区种植。

丹霞4号

Camellia sinensis var. *pubilimba* Chang cv. *Danxia 4*

来　　源：从粤北仁化白毛茶群体中经单株系统选育的无性系。

形态特征：小乔木型，树姿开张，分枝中等；大叶类，叶长14.6cm、宽4.5cm，叶片窄椭圆形，斜向上着生，叶色绿色，叶面隆起，叶身平，叶基楔形，叶尖急尖，叶缘平。新梢芽叶紫绿色，茸毛密。花冠4.5～5.1cm，花瓣白色，雌蕊与雄蕊等高，花柱3裂，分裂位置高。

生长特性：中生种，广东英德一芽三叶期为3月下旬。

生产性能：适制白茶、红茶。制白茶具类似黄瓜清甜香，红茶为玫瑰香型。扦插繁殖力高。抗寒性较强。

丹霞13号

Camellia sinensis var. *pubilimba* Chang cv. *Danxia 13*

来　　源：由广东省农业科学院茶叶研究所和仁化县茶叶科技人员从野生仁化白毛茶群体经系统选育而成的无性系。

形态特征：小乔木型，树姿半开张，分枝稀；大叶类，叶长17.6cm、宽6.2cm，叶片椭圆形，斜向上着生，叶色绿色，叶面隆起，叶身内折，叶基楔形，叶尖渐尖，叶缘微波。新梢芽叶紫绿色，茸毛密。花冠3.0～3.5cm，花瓣白色，雌蕊与雄蕊等高，花柱3裂，分裂位置高。

生长特性：中生种，广东广州一芽三叶期为3月下旬。新梢芽叶生育力强，一芽三叶百芽重156.0g。春茶一芽二叶干样约含水浸出物46.7%、氨基酸3.5%、茶多酚24.4%、咖啡碱3.3%。

生产性能：适制白茶。制白茶外形壮直，芽头肥硕，白毫满披、洁白，汤色杏黄明亮，滋味鲜爽浓醇、回甜。抗寒性弱，扦插繁育力强，适宜在华南茶区种植。

丹霞30号

Camellia sinensis var. *pubilimba* Chang cv. *Danxia 30*

来　　源： 由广东省农业科学院茶叶研究所和仁化县茶叶科技人员从野生仁化白毛茶群体经系统选育而成的无性系。

形态特征： 小乔木型，树姿半开张，分枝密；大叶类，叶长15.5cm、宽5.2cm，叶片长椭圆形，斜向上着生，叶色绿色，叶面隆起，叶身内折，叶基楔形，叶尖渐尖，叶缘平。新梢芽叶绿色，茸毛密。

生长特性： 中生种，广东广州一芽三叶期为3月下旬。新梢芽叶生育力强，一芽三叶百芽重134.0g。

生产性能： 适制白茶、红茶。抗寒性弱，扦插繁育力强，适宜在华南茶区种植。

烟竹1号

Camellia sinensis var. *pubilimba* Chang cv. *Yanzhu 1*

来　　源：从粤北仁化县烟竹村地方白毛茶群体中经单株系统选育的无性系。

形态特征：小乔木型，树姿半开张，分枝中等；大叶类，叶长16.3cm、宽5.8cm，叶片中等椭圆形，斜向上着生，叶色绿色，叶面隆起，叶身内折，叶基钝，叶尖钝，叶缘平。新梢芽叶紫绿色，茸毛密。花冠直径3.5～4.0cm，花瓣白色，雌蕊高于雄蕊，花柱3裂，分裂位置中。

生长特性：中生种，广东广州一芽三叶期为3月中旬。一芽三叶百芽重220.0g。

生产性能：适制红茶、白茶。

烟竹2号

Camellia sinensis var. *pubilimba* Chang cv. *Yanzhu 2*

来　　源： 从粤北仁化县烟竹村地方白毛茶群体中经单株系统选育的无性系。

形态特征： 小乔木型，树姿半开张，分枝中等；大叶类，叶长12.8cm、宽4.5cm，叶片中等椭圆形，斜向上着生，叶色绿色，叶面隆起，叶身平，叶基楔形，叶尖渐尖，叶缘平。新梢芽叶绿色，茸毛密度中等。花冠直径3.5~4.0cm，花瓣白色，雌蕊高于雄蕊，花柱3裂，分裂位置低。

生长特性： 中生种，广东广州一芽三叶期为3月下旬。一芽三叶百芽重143.0g。

生产性能： 适制红茶、白茶。

烟竹3号

Camellia sinensis var. *pubilimba* Chang cv. *Yanzhu 3*

来　　源：从粤北仁化县烟竹村地方白毛茶群体中经单株系统选育的无性系。

形态特征：小乔木型，树姿半开张，分枝中等；大叶类，叶长13.6cm、宽4.5cm，叶片窄椭圆形，斜向上着生，叶色绿色，叶面微隆，叶身平，叶基楔形，叶尖急尖，叶缘波。新梢芽叶紫绿色，茸毛密。花冠直径3.5～4.0cm，花瓣白色，雌蕊与雄蕊等高，花柱3裂，分裂位置高。

生长特性：中生种，广东广州一芽三叶期为3月中旬。一芽三叶百芽重194.0g。

生产性能：适制红茶、白茶。

烟竹5号

Camellia sinensis var. *pubilimba* Chang cv. Yanzhu 5

来　　源： 从粤北仁化县烟竹村地方白毛茶群体中经单株系统选育的无性系。

形态特征： 灌木型，树姿开张，分枝稀；大叶类，叶长13.0cm、宽4.8cm，叶片中等椭圆形，斜向上着生，叶色绿色，叶面隆起，叶身平，叶基钝，叶尖急尖，叶缘平。新梢芽叶紫绿色，茸毛密。花冠直径4.0~5.0cm，花瓣白色，雌蕊高于雄蕊，花柱3裂，分裂位置高。

生长特性： 中生种，广东广州一芽三叶期为3月下旬。一芽三叶百芽重148.0g。

生产性能： 适制红茶、白茶。

黄坑白毛4号

Camellia sinensis var. *pubilimba* Chang cv. *Huangkeng Baimao 4*

来　　源：从广东黄坑白毛茶野生群体中单株选育而成的无性系。

形态特征：小乔木型，树姿开张，分枝稀；大叶类，叶长13.3cm、宽5.0cm，叶片阔椭圆形，斜向上着生，叶色深绿色，叶面隆起，叶身平，叶基楔形，叶尖渐尖，叶缘微波。新梢芽叶黄绿色，茸毛密。花冠4.0~4.5cm，花瓣白色，雌蕊低于雄蕊，花柱3裂，分裂位置中。

生长特性：早生种，广东英德一芽三叶期为3月上旬。新梢芽叶生育力强，一芽三叶百芽重81.0g。春茶一芽二叶干样约含水浸出物41.4%、氨基酸2.4%、茶多酚32.2%、咖啡碱3.3%。

生产性能：适制白茶，红茶。制白茶，显花香，滋味浓醇；制红茶，汤色红明透亮，滋味浓醇。抗寒性弱，扦插繁殖力强，适宜在华南茶区种植。

黄坑白毛5号

Camellia sinensis var. *pubilimba* Chang cv. *Huangkeng Baimao 5*

来　　源：从广东黄坑白毛茶野生群体中单株选育而成的无性系。

形态特征：小乔木型，树姿开张，分枝中等；大叶类，叶长14.2cm、宽5.2cm，叶片中等椭圆形，斜向上着生，叶色深绿色，叶面隆起，叶身平，叶基楔形，叶尖渐尖，叶缘微波。新梢芽叶浅绿色，茸毛密。花冠4.5～5.0cm，花瓣白色，雌蕊高于雄蕊，花柱3裂，分裂位置中。

生长特性：早生种，广东英德一芽三叶期为3月上旬。新梢芽叶生育力强，一芽三叶百芽重98.0g。春茶一芽二叶干样约含水浸出物43.4%、氨基酸2.5%、茶多酚29.7%、咖啡碱3.1%。

生产性能：适制白茶、红茶。制白茶，显花香，滋味浓醇；制红茶，汤色红明透亮，滋味浓醇。抗旱、抗寒性较强，扦插繁殖力强，适宜在华南茶区种植。

乳源大叶

Camellia sinensis var. *pubilimba* Chang cv. *Ruyuan Daye*

来　　源：从广东乳源地区的白毛茶群体引进的无性系。

形态特征：小乔木型，树姿半开张，分枝中等；大叶类，叶长12.3cm、宽5.4cm，叶片中等椭圆形，斜向上着生，叶色深绿色，叶面隆起，叶身平，叶基楔形，叶尖渐尖，叶缘微波。新梢芽叶浅绿色，茸毛密度中等。花冠4.0～4.5cm，花瓣白色，雌蕊高于雄蕊，花柱3裂，分裂位置低。

生长特性：晚生种，广东英德一芽三叶期为4月中旬。

生产性能：适制花香型白茶、红茶、绿茶。抗寒性较强，适宜在华南茶区种植。

沿溪山白毛茶

Camellia sinensis var. *pubilimba* Chang cv. *Yanxishan Baimaocha*

来　　源：从粤北乐昌县沿溪山地方白毛茶群体中经单株系统选育的无性系。

形态特征：小乔木型，树姿开张，分枝中等；中叶类，叶长10.5cm、宽4.5cm，叶片中等椭圆形，斜向上着生，叶色绿色，叶面隆起，叶身内折，叶基楔形，叶尖渐尖，叶缘波。新梢芽叶黄绿色，茸毛密。花冠直径3.0~4.0cm，花瓣白色。雌蕊高于雄蕊，花柱3裂，分裂位置高。

生长特性：中生种，广东英德一芽三叶期为3月下旬。

生产性能：适制红茶、白茶、绿茶。

乐昌笔咀茶

Camellia sinensis var. *pubilimba* Chang cv. *Lechang Bijucha*

来　　源： 从广东乐昌白毛茶群体采摘的种子播种成行。

形态特征： 小乔木型，树姿半开张，分枝中等；大叶类，叶长13.2cm、宽5.6cm，叶片窄椭圆形，斜向上着生，叶色绿色，叶面微隆，叶身平，叶基楔形，叶尖渐尖，叶缘微波。新梢芽叶多紫绿色，茸毛密。花冠3.0~4.8cm，花瓣白色，雌蕊一般高于雄蕊，花柱3裂，分裂位置低。

生长特性： 早生种或中生种，广东英德一芽三叶期为2月下旬至3月下旬。

生产性能： 适制花香型红茶、白茶和绿茶。

乐昌大叶白毛

Camellia sinensis var. *pubilimba* Chang cv. *Lechang Daye Baimao*

来　　源：从广东乐昌大叶白毛茶群体引进单株播种成行。

形态特征：小乔木型，树姿半开张，分枝中等；大叶类，叶长14.4cm、宽5.7cm，叶片中等椭圆形，斜向上着生，叶色绿色，叶面微隆，叶身内折，叶基楔形，叶尖渐尖，叶缘微波。新梢芽叶绿色或紫绿色，茸毛密。花冠4.5～5.2cm，花瓣白色，雌蕊低于雄蕊，花柱3裂，分裂位置高。

生长特性：早生种，广东英德一芽三叶期为2月下旬。

生产性能：适制花香型红茶、白茶、绿茶、黄茶。

乐昌中叶白毛

Camellia sinensis var. *pubilimba* Chang cv. *Lechang Zhongye Baimao*

来　　源：从广东乐昌中叶白毛茶群体引进的无性系。

形态特征：小乔木型，树姿半开张，分枝中等；大叶类，叶长13.6cm、宽5.4cm，叶片阔椭圆形，斜向上着生，叶色绿色，叶面隆起，叶身内折，叶基楔形，叶尖渐尖，叶缘微波。新梢芽叶绿色，茸毛密。花冠4.0～4.5cm，花瓣白色，雌蕊低于雄蕊，花柱3裂，分裂位置低。

生长特性：中生种，广东英德一芽三叶期为3月下旬。

生产性能：适制花香型红茶、白茶、绿茶、黄茶。

大坝白毛1号

Camellia sinensis var. *pubilimba* Chang cv. *Daba Baimao 1*

来　　源： 从粤北大坝白毛茶群体中经单株系统选育的无性系。

形态特征： 小乔木型，树姿开张，分枝中等；大叶类，叶长14.4cm、宽4.8cm，叶片窄椭圆形，斜向上着生，叶色深绿色，叶面隆起，叶身平，叶基楔形，叶尖渐尖，叶缘微波。新梢芽叶黄绿色，茸毛密。花冠3.8～4.4cm，花瓣白色，雌蕊与雄蕊等高，花柱3裂，分裂位置高。

生长特性： 晚生种，广东英德一芽三叶期为4月上旬。

生产性能： 适制花香型白茶。

大坝白毛2号

Camellia sinensis var. *pubilimba* Chang cv. *Daba Baimao 2*

来　　源：从粤北大坝白毛茶群体中经单株系统选育的无性系。

形态特征：小乔木型，树姿开张，分枝稀；大叶类，叶长13.3cm、宽4.6cm，叶片长椭圆形，斜向上着生，叶色绿色，叶面隆起，叶身平，叶基楔形，叶尖渐尖，叶缘微波。新梢芽叶黄绿色，茸毛密。花冠4.5～5.2cm，花瓣白色，雌蕊低于雄蕊，花柱3裂，分裂位置高。

生长特性：晚生种，广东英德一芽三叶期为4月上旬。

生产性能：适制花香型白茶。

大坝白毛3号

Camellia sinensis var. *pubilimba* Chang cv. *Daba Baimao 3*

来　　源： 从粤北大坝白毛茶群体中经单株系统选育的无性系。

形态特征： 小乔木型，树姿开张，分枝稀；大叶类，叶长13.5cm、宽4.5cm，叶片长椭圆形，斜向上着生，叶色绿色，叶面隆起，叶身平，叶基楔形，叶尖渐尖，叶缘微波。新梢芽叶黄绿色，茸毛密。花冠4.5～5.0cm，花瓣白色，雌蕊低于雄蕊，花柱3裂，分裂位置中。

生长特性： 晚生种，广东英德一芽三叶期为4月上旬。

生产性能： 适制白茶。

大坝白毛4号

Camellia sinensis var. *pubilimba* Chang cv. *Daba Baimao 4*

来　　源：从粤北大坝白毛茶群体中经单株系统选育的无性系。

形态特征：小乔木型，树姿开张，分枝稀；大叶类，叶长13.4cm、宽5.0cm，叶片阔椭圆形，斜向上
　　　　　着生，叶色深绿色，叶面隆起，叶身平，叶基楔形，叶尖渐尖，叶缘微波。新梢芽叶黄绿
　　　　　色，茸毛密。花冠4.3～4.8cm，花瓣白色，雌蕊与雄蕊等高，花柱3裂，分裂位置中。

生长特性：晚生种，广东英德一芽三叶期为4月上旬。

生产性能：适制白茶。

大坝白毛5号

Camellia sinensis var. *pubilimba* Chang cv. *Daba Baimao 5*

来　　源：从粤北大坝白毛茶群体中经单株系统选育的无性系。

形态特征：小乔木型，树姿开张，分枝稀；大叶类，叶长13.7cm、宽4.8cm，叶片阔椭圆形，斜向上着生，叶色深绿色，叶面隆起，叶身平，叶基楔形，叶尖渐尖，叶缘微波。新梢芽叶紫绿色，茸毛密。花冠4.5～5.0cm，花瓣白色，雌蕊与雄蕊等高，花柱3裂，分裂位置高。

生长特性：晚生种，广东英德一芽三叶期为4月上旬。

生产性能：适制白茶。

大坝白毛6号

Camellia sinensis var. *pubilimba* Chang cv. *Daba Baimao 6*

来　　源：从粤北大坝白毛茶群体中经单株系统选育的无性系。

形态特征：小乔木型，树姿开张，分枝稀；大叶类，叶长13.7cm、宽4.7cm，叶片披针形，斜向上着生，叶色深绿色，叶面隆起，叶身平，叶基楔形，叶尖渐尖，叶缘微波。新梢芽叶黄绿色，茸毛密。花冠4.2～4.9cm，花瓣白色，雌蕊与雄蕊等高，花柱3裂，分裂位置高。

生长特性：晚生种，广东英德一芽三叶期为4月上旬。

生产性能：适制白茶。

食足白毛6号

Camellia sinensis var. *pubilimba* Chang cv. *Shizu Baimao 6*

来　　源： 从粤北食足白毛茶群体中经单株系统选育的无性系。

形态特征： 小乔木型，树姿开张，分枝中等；大叶类，叶长12.8cm、宽5.5cm，叶片披针形，斜向上着生，叶色深绿色，叶面隆起，叶身平，叶基楔形，叶尖渐尖，叶缘微波。新梢芽叶黄绿色，茸毛密。花冠4.5～5.0cm，花瓣白色，雌蕊与雄蕊等高，花柱3裂，分裂位置高。

生长特性： 晚生种，广东英德产地一芽三叶期为4月中旬。

生产性能： 适制白茶、红茶。

食足白毛7号

Camellia sinensis var. *pubilimba* Chang cv. *Shizu Baimao 7*

来　　源：从粤北食足白毛茶群体中经单株系统选育的无性系。

形态特征：小乔木型，树姿开张，分枝稀；大叶类，叶长13.2cm、宽5.8cm，叶片中等椭圆形，斜向上着生，叶色深绿色，叶面隆起，叶身平，叶基楔形，叶尖渐尖，叶缘微波。新梢芽叶绿色，茸毛密。花冠3.4～4.0cm，花瓣白色，雌蕊高于雄蕊，花柱3裂，分裂位置高。

生长特性：晚生种，广东英德一芽三叶期为4月中旬。

生产性能：适制白茶、红茶。

食足白毛11号

Camellia sinensis var. *pubilimba* Chang cv. *Shizu Baimao 11*

来　　源：从粤北食足白毛茶群体中经单株系统选育的无性系。

形态特征：小乔木型，树姿开张，分枝稀；大叶类，叶长13.1cm、宽4.6cm，叶片中等椭圆形，斜向上着生，叶色深绿色，叶面隆起，叶身平，叶基楔形，叶尖渐尖，叶缘微波。新梢芽叶黄绿色，茸毛密。花冠4.0~4.5cm，花瓣白色，雌蕊高于雄蕊，花柱3裂，分裂位置高。

生长特性：晚生种，广东英德一芽三叶期为4月中旬。

生产性能：适制白茶、红茶。

抗虫2号

Camellia sinensis（L.）O. Kuntze cv. *Kangchong 2*

来　　源：从广州引进的云南大叶种群体后代筛选的无性系。

形态特征：小乔木型，树姿半开张，分枝中等；中叶类，叶长11.2cm、宽4.7cm，叶片中等椭圆形，斜向上着生，叶色绿色，叶面微隆，叶身平，叶基楔形，叶尖急尖，叶缘平。新梢芽叶浅绿色，茸毛稀。花冠3.5～4.0cm，花瓣白色，雌蕊与雄蕊等高，花柱3裂，分裂位置中。

生长特性：中生种，广州一芽三叶期为3月中旬。新梢芽叶生育力和持嫩性较强，一芽三叶百芽重86.0g。春茶一芽二叶干样约含水浸出物45.4%、氨基酸2.6%、茶多酚29.9%、咖啡碱3.2%。

生产性能：适制红茶，花香显，滋味醇厚。抗寒性弱，抗虫性强，扦插繁殖力强，适宜在华南茶区种植。

抗虫3号

Camellia sinensis（L.）O. Kuntze cv. *Kangchong 3*

来　　源：从广州引进的云南大叶种群体后代筛选的无性系。

形态特征：小乔木型，树姿半开张，分枝中等；中叶类，叶长9.8cm、宽4.6cm，叶片中等椭圆形，斜向上着生，叶色深绿色，叶面微隆，叶身平，叶基楔形，叶尖钝，叶缘平。新梢芽叶绿色，茸毛密度中等。花冠3.5～4.0cm，花瓣白色，雌蕊与雄蕊等高，花柱3裂，分裂位置高。

生长特性：中生种，广州一芽三叶期为3月中旬。新梢芽叶生育力和持嫩性较强，一芽三叶百芽重98.0g。春茶一芽二叶干样约含水浸出物44.8%、氨基酸2.8%、茶多酚30%、咖啡碱3.5%。

生产性能：适制红茶，花香显，滋味醇厚。抗寒性弱，抗虫性强，扦插繁殖力强，适宜在华南茶区种植。

抗虫4号

Camellia sinensis（L.）O. Kuntze cv. *Kangchong 4*

来　　源：从广州引进的云南大叶种群体后代筛选的无性系。

形态特征：小乔木型，树姿半开张，分枝中等；中叶类，叶长9.6cm、宽4.4cm，叶片窄椭圆形，斜向上着生，叶色绿色，叶面隆起，叶身平，叶基楔形，叶尖渐尖，叶缘平。新梢芽叶黄绿色，茸毛密度中等。花冠3.5~4.0cm，花瓣白色，雌蕊与雄蕊等高，花柱3裂，分裂位置高。

生长特性：中生种，广东广州一芽三叶期为3月中旬。新梢芽叶生育力和持嫩性较强，一芽三叶百芽重112.0g。春茶一芽二叶干样约含水浸出物47.5%、氨基酸3.0%、茶多酚28.4%、咖啡碱3.6%。

生产性能：适制红茶，花香显，滋味醇厚。抗寒性弱，抗虫性强，扦插繁殖力强，适宜在华南茶区种植。

枫树坪1号

Camellia sinensis（L.）O. Kuntze cv. Fengshuping 1

来　　源：从广东韶关罗坑镇曲江区地方茶树群体收集的单株。

形态特征：小乔木型，树姿开张，分枝密；中叶类，叶长11.0cm、宽4.0cm，叶片披针形，水平着生，叶色绿色，叶面平，叶身内折，叶基楔形，叶尖渐尖，叶缘微波。新梢芽叶绿色，茸毛稀。

生长特性：中生种，广东广州一芽三叶期为4月上旬。新梢芽叶生育力强，一芽三叶百芽重86.0g。

生产性能：适制红茶，花香显，滋味浓醇。抗寒性弱，扦插繁育力弱，适宜嫁接繁育。

仙塘1

Camellia sinensis（L.）**O. Kunze cv. *Xiantang 1***

来　　源：从广东韶关罗坑茶野生群体采集的单株。

形态特征：小乔木型，树姿半开张，分枝密；大叶类，叶长12.5cm、宽4.8cm，叶片椭圆形，斜向上着生，叶色深绿色，叶面平，叶身内折，叶基楔形，叶尖渐尖，叶缘波。新梢芽叶黄绿色，茸毛稀。

生长特性：中生种，广东广州一芽三叶期为3月下旬。新梢芽叶生育力和持嫩性强。

生产性能：适制红茶。抗寒性差。

仙塘2

Camellia sinensis（L.）O. Kunze cv. Xiantang 2

来　　源： 从广东韶关罗坑茶野生群体采集的单株。

形态特征： 小乔木型，树姿半开张，分枝密；中叶类，叶长10.4cm、宽4.6cm，叶片椭圆形，斜向上着生，叶色深绿色，叶面平，叶身平，叶基楔形，叶尖急尖，叶缘平。新梢芽叶紫绿色，茸毛极稀。

生长特性： 中生种，广东广州一芽三叶期为3月下旬。新梢芽叶持嫩性强。

生产性能： 适制红茶。抗寒性差。

仙塘4

Camellia sinensis（L.）*O. Kunze cv. Xiantang 4*

来　　源：从广东韶关罗坑茶野生群体采集的单株。

形态特征：小乔木型，树姿直立，分枝密；中叶类，叶长9.5cm、宽4.5cm，叶片椭圆形，斜向上着生，叶色绿色，叶面平，叶身平，叶基钝，叶尖急尖，叶缘平。新梢芽叶绿色，茸毛密。

生长特性：中生种，广东广州一芽三叶期为3月中旬。新梢芽叶持嫩性强。

生产性能：适制红茶。抗寒性差。

金边

Camellia sinensis（L.）O. Kunze cv. *Jinbian*

来　　源：从广东韶关罗坑茶野生群体采集的单株。

形态特征：小乔木型，树姿半开张，分枝中等；中叶类，叶长10.4cm、宽4.6cm，叶片窄椭圆形，斜向上着生，叶绿色，叶周边为金色，叶面平，叶身内折，叶基楔形，叶尖渐尖，叶缘波。新梢芽叶紫绿色，茸毛较密。

生长特性：中生种，广东广州一芽三叶期为3月中旬。新梢芽叶持嫩性较强。

生产性能：适制红茶。

可可茶3号

Camellia sinensis var. *ptilophylla* Chang cv. *Kekecha 3*

来　　源：从南昆山毛叶茶群体中筛选出的无性系。

形态特征：小乔木型，树姿半开张，分枝中等；大叶类，叶长10.5cm、宽5.7cm，叶片中等椭圆形，斜向上着生，叶色绿色，叶面微隆，叶身平，叶基楔形，叶尖急尖，叶缘平。新梢芽叶绿色，茸毛密度中等。花冠4.0cm，花瓣白色，雌蕊与雄蕊等高，花柱3裂，分裂位置中。

生长特性：早生种，广州一芽三叶期为2月中旬。

生产性能：适制红茶、白茶。鲜叶不含咖啡碱，扦插繁殖力低，适嫁接繁殖。

苦茶2号

Camellia sinensis var. *kucha* Chang et Wang cv. *Kucha 2*

来　　源：由广东省农业科学院茶叶研究所从广东韶关苦茶群体中筛选出的无性系。

形态特征：小乔木型，树姿半开张，分枝中等；中叶类，叶长10.2cm、宽5.4cm，叶片中等椭圆形，斜向上着生，叶色深绿色，叶面隆起，叶身内折，叶基楔形，叶尖渐尖，叶缘波。新梢芽叶紫绿色，茸毛密。花冠4.0～4.5cm，花瓣白色，雌蕊高于雄蕊，花柱3裂，分裂位置中。

生长特性：中生种，广东英德一芽三叶期为3月中旬。春茶一芽二叶蒸青样约含水浸出物47.4%、茶多酚29.0%、氨基酸2.4%、咖啡碱1.4%、可溶性糖5.0%、苦茶碱0.1%。

生产性能：适制红茶、绿茶。制作绿茶，香气高长持久带花果香，滋味甜醇鲜爽。

苦茶9号

Camellia sinensis var. *kucha* Chang et Wang cv. *Kucha 9*

来　　源：由广东省农业科学院茶叶研究所从广东韶关苦茶群体中筛选出的无性系。

形态特征：小乔木型，树姿半开张，分枝稀；中叶类，叶长10.6cm、宽4.8cm，叶片中等椭圆形，斜向上着生，叶色深绿色，叶面隆起，叶身内折，叶基楔形，叶尖渐尖，叶缘波。新梢芽叶绿色，茸毛密度中等。花冠3.3~4.5cm，花瓣白色，雌蕊高于雄蕊，花柱3裂，分裂位置中。

生长特性：中生种，广东英德一芽三叶期为3月上旬。春茶一芽二叶蒸青样约含水浸出物54.3%、茶多酚34.6%、氨基酸2.7%、咖啡碱2.1%、可溶性糖4.1%、苦茶碱0.3%。

生产性能：适制红茶、绿茶。制作绿茶，花香浓郁持久、滋味甜醇鲜爽。抗性强，扦插繁殖力强，适宜在华南茶区种植。

苦茶10号

Camellia sinensis var. kucha Chang et Wang cv. Kucha 10

来　　源: 由广东省农业科学院茶叶研究所从广东韶关苦茶群体中筛选出的无性系。

形态特征: 小乔木型，树姿半开张，分枝密；中叶类，叶长10.4cm、宽4.6cm，叶片披针形，斜向上着生，叶色深绿色，叶面微隆，叶身内折，叶基楔形，叶尖渐尖，叶缘波。新梢芽叶浅绿色，茸毛密。花冠4.0~4.5cm，花瓣白色，雌蕊高于雄蕊，花柱3裂，分裂位置高。

生长特性: 中生种，广东英德一芽三叶期为3月上旬。春茶一芽二叶蒸青样约含水浸出物44.7%、茶多酚32.2%、氨基酸3.8%、咖啡碱3.0%、可溶性糖3.9%、苦茶碱0.2%。

生产性能: 适制绿茶、红茶。制作绿茶，花香清长、滋味甜醇鲜爽。

苦茶12号

Camellia sinensis var. *kucha* Chang et Wang cv. *Kucha 12*

来　　源：由广东省农业科学院茶叶研究所从广东韶关苦茶群体中筛选出的无性系。

形态特征：小乔木型，树姿开张，分枝中等；中叶类，叶长10.5cm、宽4.9cm，叶片中等椭圆形，斜向上着生，叶色深绿色，叶面隆起，叶身内折，叶基楔形，叶尖渐尖，叶缘平。新梢芽叶紫绿色，茸毛密。花冠4.0～4.5cm，花瓣白色，雌蕊高于雄蕊，花柱3裂，分裂位置中。

生长特性：中生种，广东英德一芽三叶期为3月上旬。春茶一芽二叶蒸青样约含水浸出物47.9%、茶多酚33.4%、氨基酸2.5%、咖啡碱3.1%、可溶性糖3.2%、苦茶碱0.2%。

生产性能：适制绿茶、红茶。制作绿茶，显花香、滋味甜醇鲜爽。

苦茶13号

Camellia sinensis var. *kucha* Chang et Wang cv. *Kucha* 13

来　　源： 由广东省农业科学院茶叶研究所从广东韶关苦茶群体中筛选出的无性系。

形态特征： 小乔木型，树姿半开张，分枝中等；中叶类，叶长9.8cm、宽4.5cm，叶片披针形，斜向上着生，叶色深绿色，叶面隆起，叶身内折，叶基楔形，叶尖渐尖，叶缘波。新梢芽叶紫绿色，茸毛密度中等。花冠4.0~4.5cm，花瓣白色，雌蕊与雄蕊等高，花柱3裂，分裂位置中。

生长特性： 中生种，广东英德一芽三叶期为3月上旬。春茶一芽二叶蒸青样约含水浸出物52.8%、茶多酚37.2%、氨基酸2.9%、咖啡碱2.8%、可溶性糖3.6%、苦茶碱0.7%。

生产性能： 适制绿茶、红茶。制作绿茶，显花果香、滋味鲜爽甜醇。

苦茶15号

Camellia sinensis var. *kucha* Chang et Wang cv. *Kucha 15*

来　　源：由广东省农业科学院茶叶研究所从广东韶关苦茶群体中筛选出的无性系。

形态特征：小乔木型，树姿半开张，分枝密；中叶类，叶长10.6cm、宽4.4cm，叶片中等椭圆形，斜向上着生，叶色深绿色，叶面微隆，叶身内折，叶基楔形，叶尖渐尖，叶缘微波。新梢芽叶浅绿色，茸毛密度中等。花冠4.5～4.8cm，花瓣白色，雌蕊高于雄蕊，花柱3裂，分裂位置高。

生长特性：早生种，广东英德一芽三叶期为2月下旬。春茶一芽二叶蒸青样约含水浸出物52.9%、茶多酚34.4%、氨基酸2.4%、咖啡碱2.4%、可溶性糖3.7%、苦茶碱0.5%。

生产性能：适制绿茶、红茶。制作绿茶，花香浓郁持久、滋味甜醇鲜爽。抗性强，扦插繁殖力强，适宜在华南茶区种植。

苦茶16号

Camellia sinensis var. *kucha* Chang et Wang cv. *Kucha 16*

来　　源：由广东省农业科学院茶叶研究所从广东韶关苦茶群体中筛选出的无性系。

形态特征：小乔木型，树姿半开张，分枝稀；中叶类，叶长10.5cm、宽4.6cm，叶片中等椭圆形，斜向上着生，叶色深绿色，叶面微隆，叶身内折，叶基楔形，叶尖渐尖，叶缘微波。新梢芽叶紫绿色，茸毛稀。花冠3.0～3.8cm，花瓣白色，雌蕊与雄蕊等高，花柱3裂，分裂位置低。

生长特性：中生种，广东英德一芽三叶期为3月下旬。春茶一芽二叶蒸青样约含水浸出物54.1%、茶多酚34.7%、氨基酸2.7%、咖啡碱3.0%、可溶性糖3.6%、苦茶碱0.2%。

生产性能：适制绿茶、红茶。制作绿茶，花香豆香持久、滋味鲜醇。

苦茶18号

Camellia sinensis var. *kucha* Chang et Wang cv. *Kucha 18*

来　　源：由广东省农业科学院茶叶研究所从广东韶关苦茶群体中筛选出的无性系。

形态特征：乔木型，树姿半开张，分枝稀；中叶类，叶长10.3cm、宽4.5cm，叶片窄椭圆形，斜向上着生，叶色深绿色，叶面微隆，叶身内折，叶基楔形，叶尖渐尖，叶缘微波。新梢芽叶紫绿色，茸毛稀。花冠3.0~3.8cm，花瓣白色，雌蕊与雄蕊等高，花柱3裂，分裂位置低。

生长特性：中生种，广东英德一芽三叶期为3月下旬。春茶一芽二叶蒸青样约含水浸出物37.9%、茶多酚31.3%、氨基酸3.3%、咖啡碱3.1%、可溶性糖4.3%、苦茶碱0.3%。

生产性能：适制绿茶、红茶。制作绿茶，显花香、滋味甜醇鲜爽、回甘好。

连南大茶树

Camellia sinensis var. *assamica*（Masters）Kitamura cv. *Liannan Dacha*

来　　源：从广东连南大叶群体种引进种子播种成行。

形态特征：小乔木型，树姿直立，分枝中等；大叶类或中叶类，叶平均长11.3cm、宽4.6cm，叶片中等椭圆形，斜向上着生，叶色深绿色，叶面隆起，叶身内折，叶基楔形，叶尖渐尖，叶缘微波。新梢芽叶绿色，无茸毛。花冠直径平均3.5cm，花瓣白色，雌蕊与雄蕊等高，花柱3裂，分裂位置中。

生长特性：中生种，广东英德一芽三叶期为3月下旬。

生产性能：适制红茶、绿茶、黄茶。

连南大叶1号

Camellia sinensis var. *assamica*（Masters）Kitamura cv. *Liannan Daye 1*

来　　源：从广东连南大叶群体种中经单株系统选育的无性系。

形态特征：小乔木型，树姿直立，分枝中等；大叶类，叶长12.2cm、宽5.5cm，叶片中等椭圆形，斜向上着生，叶色绿色，油亮，叶面微隆，叶身内折，叶基钝，叶尖急尖，叶缘平。新梢芽叶浅绿色，茸毛密。花冠直径4.0~4.5cm，花瓣白色，雌蕊高于雄蕊，花柱3裂，分裂位置低。

生长特性：中生种，广东广州一芽三叶期为3月下旬。

生产性能：适制花甜香型红茶。

连南大叶4号

Camellia sinensis var. *assamica*（Masters）Kitamura cv. *Liannan Daye 4*

来　　源： 从广东连南大叶群体种中经单株系统选育的无性系。

形态特征： 小乔木型，树姿半开张，分枝中等；大叶类，叶长12.4cm、宽5.0cm，叶片中等椭圆形，斜向上着生，叶色深绿色，油亮，叶面微隆，叶身背卷，叶基钝，叶尖渐尖，叶缘微波。新梢芽叶浅绿色，茸毛稀。花单生，花冠直径4.5～5.2cm，花瓣白色，雌蕊高于雄蕊，花柱3裂，分裂位置中。

生长特性： 中生种，广东广州一芽三叶期为3月下旬。

生产性能： 适制花甜香型红茶。

连南大叶6号

Camellia sinensis var. *assamica*（Masters）Kitamura cv. *Liannan Daye 6*

来　　源：从广东连南大叶群体种中经单株系统选育的无性系。

形态特征：小乔木型，树姿半开张，分枝稀；大叶类，叶长12.7cm、宽5.6cm，叶片中等椭圆形，斜向上着生，叶色绿色，叶面隆起，叶身内折，叶基钝，叶尖急尖，叶缘波。新梢芽叶浅绿色，茸毛密度较稀。花冠直径平均3.5cm，花瓣白色，雌蕊高于雄蕊，花柱3裂，分裂位置中。

生长特性：中生种，广东广州一芽三叶期为3月下旬。

生产性能：适制花甜香型红茶。

连山野茶

Camellia sinensis var. *assamica*（Masters）Kitamura cv. *Lianshan Yecha*

来　　源： 从广东连山地方茶树群体种引进。

形态特征： 小乔木型，树姿半开张，分枝中等；大叶类，叶长12.0cm、宽5.0cm，叶片中等椭圆形，斜向上着生，叶色绿色，叶面微隆，叶身内折，叶基楔形，叶尖渐尖，叶缘微波。新梢芽叶黄绿色，茸毛密度中等。花冠直径平均3.5cm，花瓣白色，雌蕊高于雄蕊，花柱3裂，分裂位置高。

生长特性： 晚生种，广东英德一芽三叶期为4月中旬。

生产性能： 适制红茶、绿茶。

青心1号

Camellia sinensis（L.）O. Kuntze cv. *Qingxin 1*

来　　源：由广东省农业科学院茶叶研究所从广州小叶茶树群体选育而成的无性系。

形态特征：灌木型，树姿直立，分枝密；小叶类，叶长6.7cm、宽3.1cm，叶片窄椭圆形，斜向上着生，叶色深绿色，叶面微隆，叶身平，叶基楔形，叶尖渐尖，叶缘平。新梢芽叶绿色，茸毛密度中等。花冠直径2.8～3.2cm，花瓣白色，雌蕊高于雄蕊，花柱3裂，分裂位置高。

生长特性：中生种，广东英德一芽三叶期为3月中旬。叶绿素含量高。花多，结实力强。

生产性能：适制绿茶。绿茶汤色翠绿，栗香浓郁。抗寒性和适应性较强。

锅冚4号

Camellia sinensis（L.）O. Kuntze cv. *Guodu 4*

来　　源： 从广东梅州客家茶群体引进的单株种质。

形态特征： 小乔木型，树姿半开张，分枝中等；中叶类，叶长10.0cm、宽4.2cm，叶片中等椭圆形，斜向上着生，叶色绿色，叶面微隆，叶身平，叶基楔形，叶尖急尖，叶缘平。新梢芽叶浅绿色，茸毛密度中等。花冠直径3.0～3.5cm，花瓣白色，雌蕊与雄蕊等高，花柱3裂，分裂位置高。

生长特性： 中生种，广东广州一芽三叶期为3月下旬。新梢芽叶生育力强，一芽三叶百芽重44.0g。春茶一芽二叶干样约含水浸出物46.3%、氨基酸3.0%、茶多酚19.2%、咖啡碱2.0%。

生产性能： 适制绿茶。抗寒性较强，扦插繁殖力强，适宜在华南茶区种植。

锅乜7号

Camellia sinensis（L.）O. Kuntze cv. *Guodu 7*

来　　源：从广东梅州客家茶群体引进的单株种质。

形态特征：灌木型，树姿直立，分枝稀；中叶类，叶长9.3cm、宽4.0cm，叶片中等椭圆形，斜向上着生，叶色绿色，叶面微隆，叶身内折，叶基钝，叶尖急尖，叶缘平。新梢芽叶浅绿色，茸毛密度中等。花冠直径3.0～3.5cm，花瓣白色，雌蕊高于雄蕊，花柱3裂，分裂位置高。

生长特性：中生种，广东广州一芽三叶期为3月下旬。新梢芽叶生育力强，一芽三叶百芽重38.0g。春茶一芽二叶干样约含水浸出物43.3%、氨基酸2.9%、茶多酚20.2%、咖啡碱2.1%。

生产性能：适制绿茶。抗寒性较强，扦插繁殖力强，适宜在华南茶区种植。

锅舀8号

Camellia sinensis（L.）O. Kuntze cv. Guodu 8

来　　源： 从广东梅州客家茶群体引进的单株种质。

形态特征： 小乔木型，树姿半开张，分枝中等；小叶类，叶长7.6cm、宽3.3cm，叶片中等椭圆形，斜向上着生，叶色绿色，叶面微隆，叶身内折，叶基楔形，叶尖渐尖，叶缘平。新梢芽叶绿色，茸毛密度中等。花冠直径3.0～3.5cm，花瓣白色，雌蕊与雄蕊等高，花柱3裂，分裂位置高。

生长特性： 中生种，广东广州一芽三叶期为3月下旬。新梢芽叶生育力和持嫩性强，一芽三叶百芽重39.0g。春茶一芽二叶干样约含水浸出物46.3%、氨基酸3.0%、茶多酚20.2%、咖啡碱2.0%。

生产性能： 适制绿茶。抗寒性较强，扦插繁殖力强，适宜在华南茶区种植。

锅凸9号

Camellia sinensis（L.）O. Kuntze cv. *Guodu 9*

来　　源：从广东梅州客家茶群体引进的单株种质。

形态特征：小乔木型，树姿半开张，分枝中等；小叶类，叶长7.3cm、宽3.2cm，叶片中等椭圆形，斜向上着生，叶色绿色，叶面微隆，叶身内折，叶基钝，叶尖钝尖，叶缘微波。新梢芽叶绿色，茸毛密度中等。花冠直径3.0～3.8cm，花瓣白色，雌蕊与雄蕊等高，花柱3裂，分裂位置高。

生长特性：中生种，广东广州一芽三叶期为3月下旬。新梢芽叶生育力和持嫩性强，一芽三叶百芽重42.0g。春茶一芽二叶干样约含水浸出物45.3%、氨基酸3.1%、茶多酚22.2%、咖啡碱2.1%。

生产性能：适制绿茶。抗寒性较强，扦插繁殖力强，适宜在华南茶区种植。

锅 㕯水仙圆叶

Camellia sinensis（L.）O. Kuntze cv. *Guodu Shuixian Yuanye*

来　　源： 从广东梅州锅㕯水仙群体引进的单株种质。

形态特征： 灌木型，树姿半开张，分枝中等；中叶类，叶长10.4cm、宽4.1cm，叶片中等椭圆形，斜向上着生，叶色绿色，叶面微隆，叶身内折，叶基楔形，叶尖钝尖，叶缘平。新梢芽叶绿色，茸毛较密。花冠直径3.0~3.5cm，花瓣白色，雌蕊与雄蕊等高，花柱3裂，分裂位置高。

生长特性： 中生种，广东广州一芽三叶期为3月下旬。新梢芽叶生育力强，一芽三叶百芽重61.0g。

生产性能： 适制绿茶。抗寒性较强，扦插繁殖力强，适宜在华南茶区种植。

锅笃水仙尖叶

Camellia sinensis（L.）O. Kuntze cv. Guodu Shuixian Jianye

来　　源：从广东梅州锅笃水仙群体引进的单株种质。

形态特征：小乔木型，树姿半开张，分枝密；中叶类，叶长10.6cm、宽4.3cm，叶片长椭圆形，斜向
　　　　　上着生，叶色绿色，叶面平，叶身内折，叶基楔形，叶尖急尖，叶缘平。新梢芽叶绿色，
　　　　　茸毛稀。

生长特性：中生种，广东广州一芽三叶期为3月下旬。新梢芽叶生育力强，一芽三叶百芽重53.0g。

生产性能：适制绿茶。抗寒性较强，扦插繁殖力强，适宜在华南茶区种植。

小叶紫芽茶

Camellia sinensis（L.）*O. Kunze cv. Xiaoye Ziyacha*

来　　源：从广东江门的客家茶群体收集的单株。

形态特征：灌木型，树姿直立，分枝密；小叶类，叶长6.2cm、宽3.3cm，叶片椭圆形，斜向上着生，叶色绿色，叶面平，叶身内折，叶基楔形，叶尖钝尖，叶缘波。新梢芽叶紫绿色，茸毛稀。

生长特性：早生种，广东广州一芽三叶期为3月上旬。新梢芽叶持嫩性强。

生产性能：适制高花青素茶产品。抗寒性较强。

清远笔架茶

Camellia sinensis（L.）*O. Kuntze cv. Qingyuan Bijiacha*

来　　源：从广东清远笔架山地方茶树群体引进。

形态特征：灌木型，树姿直立，分枝稀；中叶类，叶长10.0cm、宽3.9cm，叶片披针形，斜向上着生，叶色深绿色，叶面微隆，叶身内折，叶基楔形，叶尖渐尖，叶缘微波。新梢芽叶黄绿色，茸毛稀。花冠直径2.5~3.0cm，花瓣白色，雌蕊与雄蕊等高，花柱3裂，分裂位置高。

生长特性：中生种，广东英德一芽三叶期为3月中旬。结实力强。

生产性能：适制绿茶。抗寒性和适应性较强。

清远蒲坑茶

Camellia sinensis（L.）O. Kuntze cv. *Qingyuan Pukengcha*

来　　源：从广东清远蒲坑茶群体引进。

形态特征：灌木型，树姿直立，分枝密；中叶类，叶长10.4cm、宽4.3cm，叶片阔椭圆形，斜向上着生，叶色深绿色，叶面微隆，叶身平，叶基楔形，叶尖渐尖，叶缘微波。新梢芽叶黄绿色，茸毛密度中等。花冠直径3.1～4.0cm，花瓣白色，雌蕊高于雄蕊，花柱3裂，分裂位置中。

生长特性：中生种，广东英德一芽三叶期为3月下旬。

生产性能：适制绿茶。抗寒性和适应性较强。

阳春白毛茶

Camellia sinensis var. *pubilimba* Chang cv. *Yangchun Baimao*

来　　源：从阳春白毛茶群体中经单株系统选育的无性系。

形态特征：小乔木型，树姿开张，分枝中等；中叶类，叶长9.6cm、宽4.0cm，叶片中等椭圆形，斜向上着生，叶色深绿色，叶面微隆，叶身内折，叶基楔形，叶尖渐尖，叶缘波。新梢芽叶浅绿色，茸毛密度中等。花冠直径3.0~4.0cm，花瓣白色，雌蕊与雄蕊等高，花柱3裂，分裂位置低。

生长特性：中生种，广东英德一芽三叶期为3月下旬。

生产性能：适制绿茶、红茶。

惠阳小叶

Camellia sinensis（L.）O. Kuntze cv. *Huiyang Xiaoye*

来　　源：从广东惠阳小叶茶树群体引进的群体种。

形态特征：灌木型，树姿半开张，分枝中等；中叶类，叶长9.6cm、宽5.0cm，叶片阔椭圆形，斜向上着生，叶色绿色，叶面隆起，叶身平，叶基楔形，叶尖渐尖，叶缘平。新梢芽叶绿色，茸毛密。花冠3.0～3.5cm，花瓣白色，雌蕊与雄蕊等高，花柱3裂，分裂位置高。

生长特性：早生种，广东英德一芽三叶期为3月上旬。新梢芽叶生育力和持嫩性较强，一芽三叶百芽重33.0g。春茶一芽二叶干样约含水浸出物47.4%、氨基酸3.1%、茶多酚27.6%、咖啡碱3.1%。

生产性能：适制绿茶。抗寒性较强，扦插繁殖力强，适宜在华南茶区种植。

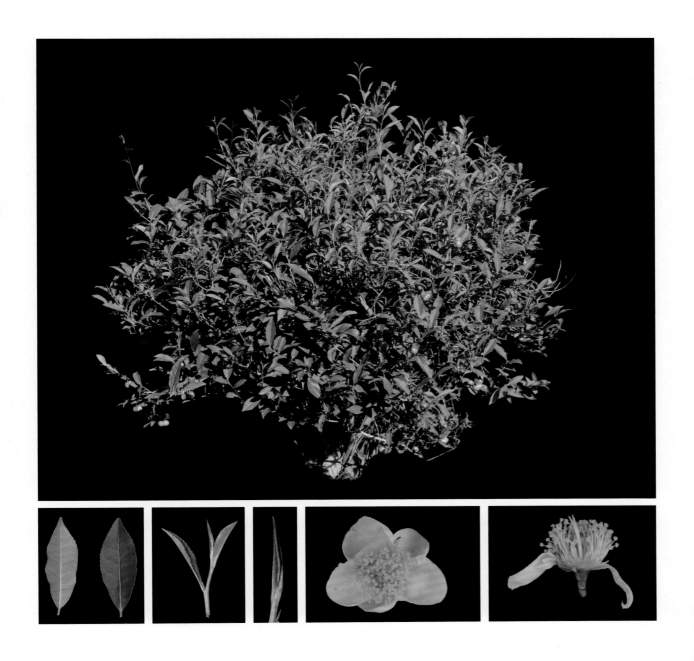

东源上莞茶

Camellia sinensis（L.）*O. Kuntze cv. Dongyuan Shangguan Cha*

来　　源：从广东东源县上莞镇地方茶树群体中采种播植成行。

形态特征：灌木型，树姿半开张，分枝稀；小叶类，叶长6.5cm、宽3.0cm，叶片窄椭圆形，斜向上着生，叶色绿色，叶面微隆，叶身内折，叶基楔形，叶尖渐尖，叶缘微波。新梢芽叶黄绿色，茸毛稀。花冠2.8～3.2cm，花瓣白色，雌蕊高于雄蕊，花柱3裂，分裂位置高。

生长特性：晚生种，广东英德一芽三叶期为4月上旬。

生产性能：适制绿茶。

冬芽1号

Camellia sinensis（L.）O. Kuntze cv. *Dongya 1*

来　　源：从广州小叶青心群体中经单株系统选育而成的无性系。

形态特征：灌木型，树姿半开张，分枝密；小叶类，叶长7.3cm、宽3.2cm，叶片中等椭圆形，斜向上着生，叶色绿色，叶面微隆，叶身平，叶基楔形，叶尖渐尖，叶缘微波。新梢芽叶紫绿色，茸毛密度中等。花冠3.0～3.5cm，花瓣白色，雌蕊低于雄蕊，花柱3裂，分裂位置中。

生长特性：早生种，广东英德一芽三叶期为2月底至3月上旬。冬季休眠期晚，英德12月中旬以后新梢芽叶才进入休眠。结实力强。

生产性能：适制绿茶。

冬芽2号

Camellia sinensis（L.）O. Kuntze cv. Dongya 2

来　　源：从普宁小叶群体中经单株系统选育而成的无性系。

形态特征：小乔木型，树姿较直立，分枝密；小叶类，叶长8.0cm、宽3.0cm，叶片中等椭圆形，斜向上着生，叶色深绿色，叶面微隆，叶身稍内折，叶基楔形，叶尖钝，叶缘平。花冠3.3~4.0cm，花瓣白色，雌蕊低于雄蕊，花柱3裂，分裂位置中。

生长特性：早生种，广东英德一芽三叶期为3月上旬。新梢芽叶黄绿色，茸毛稀。冬季休眠期晚，广东英德12月中旬以后新梢芽叶才进入休眠。结实力强。

生产性能：适制绿茶。

冬芽3号

Camellia sinensis（L.）O. Kuntze cv. Dongya 3

来　　源：从罗定小叶群体中经单株系统选育而成的无性系。

形态特征：灌木型，树姿直立，分枝密；小叶类，叶长8.2cm、宽3.1cm，叶片中等椭圆形，斜向上着生，叶色深绿色，叶面隆起，叶身内折，叶基楔形，叶尖钝，叶缘波。新梢芽叶黄绿色，茸毛密。花冠2.0～2.5cm，花瓣白色，雌蕊与雄蕊等高，花柱3裂，分裂位置低。

生长特性：早生种，广东英德一芽三叶期为3月上旬。冬季休眠期晚，广东英德12月中旬以后新梢芽叶才进入休眠。结实力强。

生产性能：适制绿茶。

冬芽5号

Camellia sinensis（L.）O. Kuntze cv. *Dongya 5*

来　　源：从清远蒲坑茶群体中经单株系统选育而成的无性系。

形态特征：灌木型，树姿半开张，分枝密；小叶类，叶长7.8cm、宽3.2cm，叶片窄椭圆形，斜向上着生，叶色绿色，叶面隆起，叶身内折，叶基楔形，叶尖渐尖，叶缘波。新梢芽叶紫绿色，茸毛稀。花冠3.3～3.5cm，花瓣白色，雌蕊高于雄蕊，花柱3裂，分裂位置低。

生长特性：早生种，广东英德一芽三叶期为3月上旬。冬季休眠期晚，英德12月中旬以后新梢芽叶才进入休眠。结实力强。

生产性能：适制绿茶。

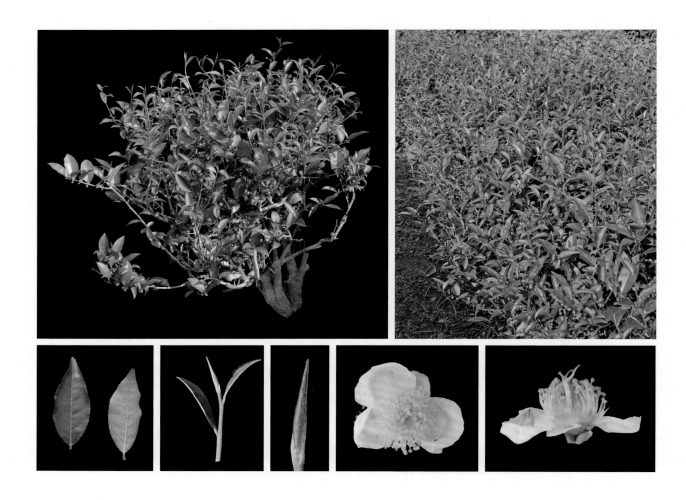

冬芽6号

Camellia sinensis（L.）*O. Kuntze cv. Dongya 6*

来　　源： 从清远蒲坑茶群体中经单株系统选育而成的无性系。

形态特征： 小乔木型，树姿直立，分枝密；小叶类，叶长8.0cm、宽3.1cm，叶片窄椭圆形，斜向上着生，叶色深绿色，叶面微隆，叶身内折，叶基楔形，叶尖渐尖，叶缘微波。新梢芽叶紫绿色，茸毛密度中等。花冠1.5～2.0cm，花瓣白色，雌蕊高于雄蕊，花柱3裂，分裂位置高。

生长特性： 早生种，广东英德一芽三叶期为3月上旬。冬季休眠期晚，英德12月中旬以后新梢芽叶才进入休眠。结实力强。

生产性能： 适制绿茶。

冬芽7号

Camellia sinensis（L.）O. Kuntze cv. *Dongya 7*

来　　源：从清远蒲坑茶群体中经单株系统选育而成的无性系。

形态特征：灌木型，树姿直立，分枝密；小叶类，叶长8.2cm、宽3.3cm，叶片中等椭圆形，斜向上着生，叶色绿色，叶面微隆，叶身内折，叶基楔形，叶尖渐尖，叶缘波。花冠2.4～3.0cm，花瓣白色，雌蕊高于雄蕊，花柱3裂，分裂位置中。

生长特性：原产地一芽三叶期为3月上旬。新梢芽叶黄绿色，茸毛稀。冬季休眠期晚，英德12月中旬以后新梢芽叶才进入休眠。结实力强。

生产性能：适制绿茶。

冬芽8号

Camellia sinensis（L.）*O. Kuntze cv. Dongya 8*

来　　源：从广州小叶白心群体中经单株系统选育而成的无性系。

形态特征：灌木型，树姿直立，分枝密；小叶类，叶长8.5cm、宽3.3cm，叶片阔椭圆形，斜向上着生，叶色深绿色，叶面隆起，叶身内折，叶基钝，叶尖钝，叶缘波。新梢芽叶浅绿色，茸毛稀。花冠2.7～3.5cm，花瓣白色，雌蕊高于雄蕊，花柱3裂，分裂位置中。

生长特性：早生种，广东英德一芽三叶期为3月上旬。冬季休眠期晚，英德12月中旬以后新梢芽叶才进入休眠。结实力强。

生产性能：适制绿茶。

冬芽9号

Camellia sinensis（L.）O. Kuntze cv. *Dongya 9*

来　　源：从广州小叶白心群体中经单株系统选育而成的无性系。

形态特征：灌木型，树姿直立，分枝密；小叶类，叶长8.4cm、宽3.2cm，叶片中等椭圆形，斜向上着生，叶色深绿色，叶面微隆，叶身内折，叶基楔形，叶尖渐尖，叶缘微波。新梢芽叶黄绿色，茸毛稀。花冠2.4~3.0cm，花瓣白色，雌蕊高于雄蕊，花柱3裂，分裂位置中。

生长特性：早生种，广东英德一芽三叶期为3月上旬。冬季休眠期晚，英德12月中旬以后新梢芽叶才进入休眠。结实力强。

生产性能：适制绿茶。

广东本土收集资源

217

雀舌

Camellia sinensis（L.）O. Kunze cv. Queshe

来　　源：从梅州马图茶群体收集的单株。

形态特征：小乔木型，树姿开张，分枝密；小叶类，叶长6.2cm、宽3.0cm，叶片极小，形似麻雀的舌头，因此被称为"雀舌"，叶片椭圆形，斜向上着生，叶色绿色，叶面微隆，叶身平，叶基楔形，叶尖渐尖，叶缘平。新梢芽叶绿色，茸毛密。

生长特性：中生种，广东广州一芽三叶期为3月中旬。新梢芽叶生育力和持嫩性强。

生产性能：适制绿茶。抗寒性较强，扦插繁殖力弱，宜嫁接繁育。

五华天竺山茶

Camellia sinensis（L.）*O. Kuntze cv. Wuhua Tianzhushan Cha*

来　　源：从梅州五华天竺山茶群体采种播植成行。

形态特征：灌木型，树姿直立，分枝密；小叶类，叶长7.4cm、宽3.3cm，叶片近圆形，斜向上着生，叶色深绿色，叶面隆起，叶身内折，叶基楔形，叶尖渐尖，叶缘微波。新梢芽叶紫绿色，茸毛密度中等。花冠3.0～3.4cm，花瓣白色，雌蕊低于雄蕊，花柱3裂，分裂位置高。

生长特性：中生种，广东英德一芽三叶期为3月上旬。

生产性能：适制绿茶。

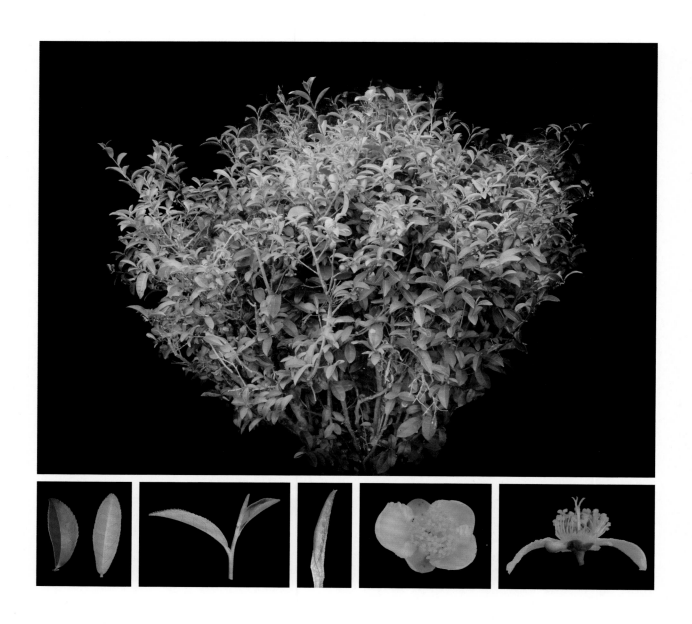

兴宁官田茶

Camellia sinensis（L.）*O. Kuntze cv. Xingning Guantian Cha*

来　　源： 从梅州兴宁官田茶群体采种播植成行。

形态特征： 灌木型，树姿直立，分枝密；小叶类，叶长7.2cm、宽3.2cm，叶片中等椭圆形，斜向上着生，叶色深绿色，叶面微隆，叶身内折，叶基楔形，叶尖渐尖，叶缘微波。新梢芽叶绿色，茸毛密度中等。花冠3.0～3.3cm，花瓣白色，雌蕊高于雄蕊，花柱3裂，分裂位置中。

生长特性： 中生种，广东英德一芽三叶期为3月下旬。

生产性能： 适制绿茶。

广宁大叶青心3号

Camellia sinensis（L.）*O. Kuntze cv. Guangning Daye Qingxin 3*

来　　源：从广东广宁县茶树群体经系统选育而成的无性系。

形态特征：小乔木型，树姿半开张，分枝中等；中叶类，叶长10.0cm、宽3.8cm，叶片椭圆形，斜向上着生，叶色绿色，叶面平，叶身平，叶基楔形，叶尖急尖，叶缘平。新梢芽叶黄绿色，茸毛稀。

生长特性：晚生种，广东英德一芽三叶期为4月下旬。新梢芽叶生育力强，一芽三叶百芽重59.0g。

生产性能：适制绿茶。抗寒性弱，扦插繁育力强，适宜在华南茶区种植。

广宁大叶青心5号

Camellia sinensis（L.）O. Kuntze cv. Guangning Daye Qingxin 5

来　　源： 从广东广宁县茶树群体经系统选育而成的无性系。

形态特征： 小乔木型，树姿直立，分枝密；中叶类，叶长10.8cm、宽4.8cm，叶片阔椭圆形，斜向上着生，叶色绿色，叶面平，叶身平，叶基钝，叶尖急尖，叶缘平。新梢芽叶黄绿色，茸毛稀。花冠2.5~3.0cm，花瓣白色，雌蕊高于雄蕊，花柱3裂，分裂位置中。

生长特性： 中生种，广东英德一芽三叶期为3月下旬。新梢芽叶生育力强，一芽三叶百芽重62.0g。

生产性能： 适制绿茶。抗寒性弱，扦插繁育力强，适宜在华南茶区种植。

广州白心5号

Camellia sinensis（L.）*O. Kuntze cv. Guangzhou Baixin 5*

来　　源：从广州茶树群体经系统选育而成的无性系。

形态特征：小乔木型，树姿半开张，分枝中等；中叶类，叶长9.6cm、宽4.5cm，叶片椭圆形，斜向上着生，叶色绿色，叶面平，叶身平，叶基楔形，叶尖渐尖，叶缘平。新梢芽叶绿色，茸毛密。花冠2.5~3.0cm，花瓣白色，雌蕊与雄蕊等高，花柱3裂，分裂位置高。

生长特性：中生种，广东英德一芽三叶期为3月下旬。新梢芽叶生育力强，一芽三叶百芽重49.0g。

生产性能：适制绿茶。抗寒性弱，扦插繁育力强，适宜在华南茶区种植。

广州小叶白心1号

Camellia sinensis（L.）O. Kuntze cv. Guangzhou Xiaoye Baixin 1

来　　源： 从广州茶树群体经系统选育而成的无性系。

形态特征： 小乔木型，树姿半开张，分枝密；中叶类，叶长9.5cm、宽4.6cm，叶片椭圆形，斜向上着生，叶色绿色，叶面平，叶身平，叶基楔形，叶尖渐尖，叶缘平。新梢芽叶绿色，茸毛较密。花冠2.5～3.0cm，花瓣白色，雌蕊与雄蕊等高，花柱3裂，分裂位置高。

生长特性： 中生种，广东英德一芽三叶期为4月上旬。新梢芽叶生育力强，一芽三叶百芽重56.0g。

生产性能： 适制绿茶。抗寒性弱，扦插繁育力强，适宜在华南茶区种植。

广州小叶白心2号

Camellia sinensis（L.）O. Kuntze cv. Guangzhou Xiaoye Baixin 2

来　　源：从广州茶树群体经系统选育而成的无性系。

形态特征：小乔木型，树姿半开张，分枝密；中叶类，叶长10.3cm、宽4.7cm，叶片椭圆形，斜向上着生，叶色绿色，叶面微隆，叶身平，叶基楔形，叶尖急尖，叶缘平，新梢芽叶绿色，茸毛密。花冠2.0～2.5cm，花瓣白色，雌蕊高于雄蕊，花柱3裂，分裂位置中。

生长特性：中生种，广东英德一芽三叶期为4月上旬。新梢芽叶生育力强，一芽三叶百芽重65.0g。

生产性能：适制绿茶。抗寒性弱，扦插繁育力强，适宜在华南茶区种植。

官下2号

Camellia sinensis（L.）*O. Kunze cv. Guanxia 2*

来　　源： 从广东丰顺县收集的地方群体种资源。

形态特征： 小乔木型，树姿半开张，分枝稀；中叶类，叶长10.4cm、宽4.4cm，叶片窄椭圆形，水平着生，叶色绿色，叶面平，叶身内折，叶基楔形，叶尖渐尖，叶缘平。新梢芽叶绿色，茸毛密度中等。

生长特性： 中生种，广东广州一芽三叶期为3月下旬。新梢芽叶生育力和持嫩性较强。

生产性能： 适制绿茶。抗寒性较强。

官下苦茶

Camellia sinensis var. *kucha* Chang et Wang cv. *Guanxia Kucha*

来　　源：从广东梅州丰顺县收集的地方群体种资源。

形态特征：小乔木型，树姿直立，分枝稀；中叶类，叶长10.6cm、宽4.2cm，叶片窄椭圆形，斜向上着生，叶色绿色，叶面微隆，叶身平，叶基楔形，叶尖渐尖，叶缘平。新梢芽叶紫绿色，茸毛较密。

生长特性：中生种，广东广州一芽三叶期为3月下旬。新梢芽叶生育力和持嫩性较强。

生产性能：适制绿茶。有较好消炎杀菌的效果。适宜在华南茶区种植。抗逆性中等，扦插繁殖率低，宜嫁接繁殖。

大坑山茶

Camellia sinensis（L.）O. Kunze cv. *Dakengshan Cha*

来　　源：从广东英德地方群体种收集的单株。

形态特征：灌木型，树姿半开张，分枝密；中叶类，叶长9.8cm、宽4.0cm，叶片椭圆形，斜向上着生，叶色绿色，叶面平，叶身平，叶基楔形，叶尖急尖，叶缘平。新梢芽叶绿色，茸毛稀。

生长特性：晚生种，广东英德一芽三叶期为4月下旬。

生产性能：适制红茶。抗寒性差。

封开1号

Camellia sinensis var. *assamica*（Masters）Kitamura cv. *Fengkai 1*

来　　源：从广东封开县地方茶树群体引进的单株。

形态特征：小乔木型，树姿开张，分枝密；大叶类，叶长13.6cm、宽5.3cm，叶片椭圆形，斜向上着生，叶色绿色，叶面平，叶身内折，叶基近圆形，叶尖渐尖，叶缘波。新梢芽叶绿色，茸毛密度中等。

生长特性：中生种，广东广州一芽三叶期为3月下旬。

生产性能：适制红茶。抗寒性差。

封开2号

Camellia sinensis var. *assamica*（Masters）Kitamura cv. *Fengkai 2*

来　　源：从广东封开县地方茶树群体引进的单株。

形态特征：小乔木型，树姿开张，分枝密；大叶类，叶长13.4cm、宽5.5cm，叶片椭圆形，斜向上着生，叶色绿色，叶面平，叶身内折，叶基楔形，叶尖急尖，叶缘平。新梢芽叶绿色，茸毛稀。

生长特性：中生种，广东广州一芽三叶期为4月上旬。

生产性能：适制红茶。抗寒性差。

封开5号

Camellia sinensis var. *assamica*（Masters）Kitamura cv. *Fengkai 5*

来　　源：从广东封开县地方茶树群体引进的单株。

形态特征：小乔木型，树姿直立，分枝密；大叶类，叶长13.6cm、宽5.7cm，叶片椭圆形，向下着生，叶色深绿色，叶面隆起，叶身平，叶基楔形，叶尖急尖，叶缘平。新梢芽叶绿色，茸毛较密。

生长特性：中生种，广东广州一芽三叶期为3月下旬。

生产性能：适制红茶。抗寒性差。

封开6号

Camellia sinensis var. *assamica*（Masters）Kitamura cv. *Fengkai 6*

来　　源：从广东封开县地方茶树群体引进的单株。

形态特征：小乔木型，树姿半开张，分枝密；大叶类，叶长14.2cm、宽5.9cm，叶片椭圆形，向下着生，叶色深绿色，叶面隆起，叶身平，叶基楔形，叶尖渐尖，叶缘微波。新梢芽叶绿色，茸毛较密。

生长特性：中生种，广东广州一芽三叶期为4月上旬。

生产性能：适制红茶。抗寒性差。

封开7号

Camellia sinensis var. *assamica*（Masters）Kitamura cv. *Fengkai 7*

来　　源：从广东封开县地方茶树群体引进的单株。

形态特征：小乔木型，树姿半开张，分枝密；大叶类，叶长13.8cm、宽5.7cm，叶片椭圆形，斜向上着生，叶色深绿色，叶面平，叶身内折，叶基钝，叶尖渐尖，叶缘微波。新梢芽叶绿色，茸毛密度中等。

生长特性：中生种，广东广州一芽三叶期为4月上旬。

生产性能：适制红茶。抗寒性差。

封开8号

Camellia sinensis var. assamica（Masters）Kitamura cv. Fengkai 8

来　　源：从广东封开县地方茶树群体引进的单株。

形态特征：小乔木型，树姿直立，分枝稀；大叶类，叶长13.6cm、宽5.4cm，叶片椭圆形，斜向上着生，叶色绿色，叶面平，叶身内折，叶基楔形，叶尖渐尖，叶缘微波。新梢芽叶绿色，茸毛密。

生长特性：中生种，广东广州一芽三叶期为3月下旬。

生产性能：适制红茶。抗寒性差，扦插繁育力较强。

封开9号

Camellia sinensis var. *assamica*（Masters）Kitamura cv. *Fengkai 9*

来　　源：从广东封开县地方茶树群体引进的单株。

形态特征：小乔木型，树姿半开张，分枝中等；大叶类，叶长14.1cm、宽5.5cm，叶片椭圆形，水平着生，叶色绿色，叶面隆起，叶身内折，叶基钝，叶尖渐尖，叶缘微波。新梢芽叶绿色，茸毛密。

生长特性：早生种，广东广州一芽三叶期为3月上旬。

生产性能：适制红茶。抗寒性差。

封开10号

Camellia sinensis var. *assamica*（Masters）Kitamura cv. *Fengkai 10*

来　　源：从广东封开县地方茶树群体引进的单株。

形态特征：小乔木型，树姿直立，分枝中等；大叶类，叶长14.2cm、宽6.0cm，叶片椭圆形，斜向上着生，叶色绿色，叶面平，叶身内折，叶基楔形，叶尖急尖，叶缘微波。新梢芽叶绿色，茸毛密度中等。

生长特性：早生种，广东广州一芽三叶期为3月上旬。

生产性能：适制红茶。抗寒性差。

封开11号

Camellia sinensis var. *assamica*（Masters）Kitamura cv. *Fengkai 11*

来　　源：从广东封开县地方茶树群体引进的单株。

形态特征：小乔木型，树姿半开张，分枝密；大叶类，叶长13.6cm、宽5.7cm，叶片椭圆形，斜向上着生，叶色深绿色，叶面平，叶身平，叶基楔形，叶尖急尖，叶缘平。新梢芽叶绿色，茸毛密度中等。

生长特性：中生种，广东广州一芽三叶期为3月中旬。新梢芽叶绿色，茸毛密度中等。

生产性能：适制红茶。抗寒性差。

封开12号

Camellia sinensis var. *assamica*（Masters）Kitamura cv. *Fengkai 12*

来　　源：从广东封开县地方茶树群体引进的单株。

形态特征：小乔木型，树姿直立，分枝中等；大叶类，叶长13.6cm、宽5.6cm，叶片中等椭圆形，斜向上着生，叶色深绿色，叶面隆，叶身平，叶基楔形，叶尖渐尖，叶缘平。新梢芽叶浅绿色，茸毛密。花冠3.5～4.0cm，花瓣白色，雌蕊与雄蕊等高，花柱3裂，分裂位置高。

生长特性：中生种，广州一芽三叶期为3月中旬。

生产性能：适制红茶。抗寒性差。

封开13号

Camellia sinensis var. *assamica*（Masters）Kitamura cv. *Fengkai 13*

来　　源：从广东封开县地方茶树群体引进的单株。

形态特征：小乔木型，树姿直立，分枝密；大叶类，叶长13.9cm、宽5.5cm，叶片椭圆形，水平着
　　　　　生，叶色深绿色，叶面隆起，叶身内折，叶基楔形，叶尖渐尖，叶缘波。新梢芽叶黄绿
　　　　　色，茸毛密。

生长特性：中生种，广东广州一芽三叶期为3月中旬。

生产性能：适制红茶。抗寒性差。

封开16号

Camellia sinensis var. *assamica*（Masters）Kitamura cv. *Fengkai 16*

来　　源：从广东封开地方茶树群体引进的单株。

形态特征：小乔木型，树姿直立，分枝密；大叶类，叶长13.8cm、宽5.9cm，叶片椭圆形，水平着生，叶色深绿色，叶面隆起，叶身内折，叶基钝，叶尖急尖，叶缘波。新梢芽叶黄绿色，茸毛密。

生长特性：早生种，广东广州一芽三叶期为3月上旬。

生产性能：适制红茶。抗寒性差。

新会白云茶

Camellia sinensis（L.）O. Kuntze cv. *Xinhui Baiyuncha*

来　　源：从广东江门新会白云茶地方群体采种播植成行。

形态特征：小乔木型，树姿直立，分枝稀；中大叶类，叶长12.6cm、宽5.2cm，叶片披针形，斜向
　　　　　上着生，叶色深绿色，叶面隆起，叶身内折，叶基楔形，叶尖渐尖，叶缘微波。新梢
　　　　　芽叶绿色，茸毛稀。花冠2.5～3.0cm，花瓣白色，雌蕊与雄蕊等高，花柱3裂，分裂位
　　　　　置中。

生长特性：中生种，广东英德一芽三叶期为3月上旬。

生产性能：适制绿茶。

龙门种4号

Camellia sinensis（L.）O. Kuntze cv. *Longmenzhong 4*

来　　源：从广东惠州龙门地方茶树群体种引进的无性系。

形态特征：小乔木型，树姿开张，分枝密；中叶类，叶长10.5cm、宽4.2cm，叶片中等椭圆形，斜向上着生，叶色深绿色，叶面隆起，叶身平，叶基楔形，叶尖渐尖，叶缘微波。新梢芽叶紫绿色，茸毛密度中等。花冠4.0～4.5cm，花瓣白色，雌蕊高于雄蕊，花柱3裂，分裂位置高。

生长特性：中生种，广东英德一芽三叶期为3月下旬。

生产性能：适制绿茶。

龙门种5号

Camellia sinensis（L.）O. Kuntze cv. Longmenzhong 5

来　　源：从广东惠州龙门地方茶树群体种引进的无性系。

形态特征：灌木型，树姿开张，分枝密；中叶类，叶长10.4cm、宽4.3cm，叶片中等椭圆形，斜向上着生，叶色深绿色，叶面隆起，叶身内折，叶基楔形，叶尖渐尖，叶缘微波。新梢芽叶紫绿色，茸毛稀。花冠4.0～4.5cm，花瓣白色，雌蕊高于雄蕊，花柱3裂，分裂位置中。

生长特性：中生种，广东英德一芽三叶期为3月下旬。

生产性能：适制绿茶。

罗定1号

Camellia sinensis（L.）O. Kunze cv. Luoding 1

来　　源： 从广东罗定地方茶树群体收集的野生资源。

形态特征： 灌木型，树姿开张，分枝较密；小叶类，叶长6.5cm、宽3.3cm，叶片椭圆形，斜向上着生，叶色深绿，叶面平，叶身内折，叶缘平，叶尖渐尖。新梢芽叶黄绿色，茸毛稀。花冠直径3.0～3.5cm，花瓣外白内紫，雌蕊与雄蕊等高，花柱3裂，分裂位置中。

生长特性： 中生种，广东广州一芽三叶期在3月中旬。新梢芽叶生育力和持嫩性较强。

生产性能： 适制绿茶。适应性好。

其他省份引进资源

广西

桂红3号
桂红4号
桂香18号·
桂香22号
凌云白毛
尧山秀绿
桂绿1号
金秀1号
青山1号
青山2号
青山6号
圣堂山7号

云南

矮丰
佛香3号
云瑰
大苞茶1号
大苞茶3号
短节白毫
凤庆1号
凤庆2号
凤庆3号
凤庆4号
云南大叶
紫娟

易武勐库1号
易武勐库2号
易武勐库3号
易武勐库4号

贵州

黔湄419
黔湄809
黔茶7号
黔茶8号
黔茶4号

福建

春兰
大红袍
丹桂
凤园春
福鼎大白茶
福鼎大毫茶
福建水仙
福云6号
福云7号
黄观音
黄玫瑰
黄奇
黄棪
金牡丹

九龙袍
铁观音
杏仁茶
早春毫
紫玫瑰
福大61号
福萱
观音9号
观音18号
茗科1号
金桂观音
金玫瑰
金锁匙
茗科3号
茗科4号
武夷金桂
玉翠
早玫瑰
奇曲
八仙茶
八仙8号
八仙16号
八仙38号
八仙43号
白云1号
半天妖
本山1号

政和大白茶
白牡丹
毛蟹
梅占
绿芽佛手
乐冠
紫观音

海南

海南保国1号
海南大叶群体
妙干1
妙干2
妙干10
妙红1
妙红8
妙仁9
妙仁14
妙仁19

浙江

安吉白茶
劲峰
碧云
翠峰
青峰
黄金芽
菊花春
龙井43
龙井长叶
迎霜
藤茶
浙农12
浙农21

浙农113
黄叶早
中黄2号
平阳早
御金香
中茶108

江苏

锡茶5号
锡茶11号
洞庭种

安徽

舒茶早
安徽1号
安徽2号
祁门1号
祁门2号
祁门4号
祁门5号
祁门6号
祁门7号
祁门8号

江西

上梅州

湖南

白毫早
碧香早
高芽齐
东湖早
尖坡黄13
茗丰

桃源大叶
湘波绿
槠叶齐12号
玉笋
槠叶齐
保靖黄金茶1号
君山银针1号
潇湘红

湖北

鄂茶1号
鄂茶10号·

四川

牛皮茶
南江大叶

陕西

陕茶1号

我国台湾

台茶12号
青心大冇
青心乌龙
台茶13号
四季春

桂红3号

Camellia sinensis（L.）*O. Kunze cv. Guihong 3*

来　　源：由广西壮族自治区桂林茶叶科学研究所从宛田大叶群体中通过单株选育法育成的无性系，审定编号GS 13001-1994。

形态特征：小乔木型，树姿半开张，分枝中等；大叶类，叶长11.5cm、宽5.2cm，叶片斜向上着生，长椭圆形，叶色绿，叶面微隆，叶身内折，叶缘微波，叶尖钝尖。新梢芽叶绿色，茸毛密度中等。花冠直径4.2cm，子房茸毛多，花柱3裂。

生长特性：中生种，广东英德一芽三叶期在3月下旬。新梢芽叶生育力和持嫩性较强，一芽三叶百芽重110.0g。春茶一芽二叶干样约含水浸出物47.8%、氨基酸3.6%、茶多酚23.8%、咖啡碱2.6%。

生产性能：每667m²可产干茶120kg以上。适制红茶、绿茶。制红茶色泽乌润，香气高锐，滋味浓强鲜爽；制绿茶，色泽深绿，稍显毫，汤色黄绿明亮，香气高爽，滋味浓醇。抗旱性强，抗寒性较强。

其他省份引进资源

桂红4号

Camellia sinensis（L.）O. Kunze cv. *Guihong 4*

来　　源：由广西壮族自治区桂林茶叶科学研究所从宛田大叶群体中通过单株选育法育成的无性系，审定编号GS 13002-1994。

形态特征：小乔木型，树姿开张，分枝较密；大叶类，叶长12.4cm、宽5.5cm，叶片水平着生，椭圆形，叶色绿，叶面微隆，叶身平，叶缘平，叶尖钝尖。新梢芽叶黄绿色，茸毛稀。花冠直径4.0cm，子房茸毛多，雌蕊高于雄蕊，花柱3裂，分裂位置低。

生长特性：晚生种，广东英德一芽三叶期在4月上旬。新梢芽叶生育力和持嫩性较强，一芽三叶百芽重110.0g。春茶一芽二叶干样约含水浸出物48.0%、氨基酸4.0%、茶多酚24.0%、咖啡碱4.6%。

生产性能：每667m²可产干茶120kg以上。适制红茶、绿茶。制红茶色泽乌润，香气高锐，滋味浓强鲜爽；制绿茶，色泽深绿，稍显毫，汤色黄绿明亮，香气高爽，滋味浓醇。抗旱性强，抗寒性较强。

桂香18号

Camellia sinensis（L.）*O. Kunze cv. Guixiang 18*

来　　源：由广西壮族自治区桂林茶叶科学研究所从凌云白毫群体中通过系统选育法育成的无性系，审定编号国品鉴茶2010009。

形态特征：灌木型，树姿半开张，分枝较密；大叶类，叶长10.6cm、宽5.3cm，叶片斜向上着生，椭圆形，叶色绿，叶面平，叶身内折，叶缘微波，叶尖钝尖。新梢芽叶浅绿色，茸毛稀。花冠直径3.8～3.9cm，子房茸毛少，花柱3裂。

生长特性：中生种，原产地一芽三叶期在3月中下旬。新梢芽叶生育力和持嫩性较强，一芽三叶百芽重50.0g。春茶一芽二叶干样约含水浸出物48.2%、氨基酸4.6%、茶多酚24.9%、咖啡碱3.9%。

生产性能：每667m²可产干茶150kg以上。适制红茶、绿茶、乌龙茶。制红茶色泽棕红，香气高锐，滋味浓强鲜爽；制绿茶，色泽绿润，汤色黄绿明亮，花香高锐持久，滋味鲜爽；制乌龙茶，汤色黄亮，花香纯正持久，滋味浓醇滑口。抗旱性强，抗寒性较强。

桂香22号

Camellia sinensis（L.）O. Kunze cv. Guixiang 22

来　　源：由广西壮族自治区桂林茶叶科学研究所采用系统选育法从凌云白毫茶有性群体种中选育的无性系。

形态特征：小乔木型树姿直立，分枝密；中叶类，叶长10.5cm、宽4.8cm，叶片中等椭圆形，斜向上着生，叶色绿色，叶面隆，叶身平，叶基楔形，叶尖渐尖，叶缘波。新梢芽叶紫绿色，茸毛密。花瓣白色，花冠直径2.5～3.5cm，雌蕊高于雄蕊，花柱3裂，分裂位置中。

生长特性：中生种，广东英德一芽三叶期为3月下旬。春茶一芽二叶干样约含茶多酚17.0%、氨基酸4.1%、咖啡碱3.4%、水浸出物43.2%。

生产性能：每667m²可产鲜叶702.5kg。适制绿茶和红茶。制绿茶，外形翠绿带毫，汤色碧绿，香气高锐，滋味浓而鲜爽；制红茶，色泽棕润，汤色红艳，花香高纯，滋味浓强鲜爽。抗寒性中等，抗旱性中等。

凌云白毛

Camellia sinensis var. pubilimba Chang cv. Lingyun Baimao

来　　源：从广西壮族自治区凌云白毛茶群体采摘种子播植成行。

形态特征：小乔木型，树姿半开张，分枝稀；大叶类，叶长11.6cm、宽5.2cm，叶片椭圆形，斜向上着生，叶色深绿色，叶面隆起，叶身平，叶基楔形，叶尖渐尖，叶缘微波。新梢芽叶绿色，茸毛密。花冠直径3.0~4.0cm，花瓣白色，雌蕊与雄蕊等高，花柱3裂，分裂位置高。

生长特性：中生种，广东英德一芽三叶期为3月下旬。

生产性能：适制红茶、白茶。抗寒性中等，抗旱性中等。

尧山秀绿

Camellia sinensis（L.）O. Kunze cv. *Yaoshanxiulv*

来　　源：广西壮族自治区桂林茶叶科学研究所从鸠坑种群体中选育而成，编号国品鉴茶2010007。

形态特征：灌木型，树姿开张，分枝密；中叶类，叶长10.4cm、宽4.9cm，叶片椭圆形，斜向上着生，叶色绿色，叶面微隆，叶身稍内折，叶基楔形，叶尖急尖，叶缘平。新梢芽叶黄绿色，茸毛密。花冠3.0~3.5cm，花瓣白色，雌蕊与雄蕊等高，花柱3裂，分裂位置中。

生长特性：早生种，广东英德一芽三叶期为2月下旬。一芽三叶百芽重54.0g，春茶一芽二叶干样约含水浸出物45.8%、氨基酸5.2%、茶多酚15.6%、咖啡碱2.5%。

生产性能：每667m²可产干茶150kg以上。适制绿茶。制绿茶，汤色黄绿明显，滋味鲜爽显花香。抗旱、抗寒、抗虫性较强。

桂绿1号

Camellia sinensis（L.）O. Kunze cv. *Guilv 1*

来　　源：广西壮族自治区桂林茶叶科学研究所从清明早群体中选育而成，编号国品鉴茶2004001。

形态特征：灌木型，树姿开张，分枝密；中叶类，叶长9.6cm、宽4.4cm，叶片窄椭圆形，斜向上着生，叶色绿色，叶面隆起，叶身内折，叶基钝，叶尖急尖，叶缘波。新梢芽叶紫绿色，茸毛较密。花冠2.5～3.0cm，花瓣白色，雌蕊高于雄蕊，花柱3裂，分裂位置中。

生长特性：早生种，广东英德一芽三叶期为2月上旬。一芽三叶百芽重66.0g。春茶一芽二叶干样约含水浸出物47.8%、氨基酸4.2%、茶多酚19.6%、咖啡碱2.5%。

生产性能：适制绿茶。制绿茶，条索紧细，汤色嫩绿明亮，香气高长滋味鲜爽。抗旱、抗旱、抗病害能力较强，抗虫性差。

金秀1号

Camellia sinensis（L.）O. Kuntze cv. Jinxiu 1

来　　源：从广西壮族自治区金秀瑶族自治县地方茶树群体引进的单株。

形态特征：小乔木型，树姿半开张，分枝密；中叶类，叶长9.8cm、宽4.2cm，叶片中等椭圆形，斜向上着生，叶色绿色，叶面微隆，叶身内折，叶基楔形，叶尖急尖，叶缘平。新梢芽叶绿色，茸毛密度中等。花冠直径平均3.0cm，花瓣白色，雌蕊与雄蕊等高，花柱3裂，分裂位置高。

生长特性：中生种，广州一芽三叶期为3月中旬。

生产性能：适制红茶、绿茶。

青山1号

Camellia sinensis（L.）**O. Kuntze cv. Qingshan 1**

来　　源：从广西壮族自治区金秀瑶族自治县地方茶树群体引进。

形态特征：乔木型，树姿直立，分枝中等；中叶类，叶长11.4cm、宽4.3cm，叶片披针形，斜向上着生，叶色绿色，叶面微隆，油亮，叶质光滑柔软，叶身内折，叶基楔形，叶尖渐尖，叶缘平。新梢芽叶绿色，无茸毛。花冠直径平均3.3cm，花瓣白色，雌蕊高于雄蕊，花柱3裂，分裂位置高。

生长特性：中生种，广州一芽三叶期为3月中旬。结实力弱。

生产性能：适制绿茶、黑茶。

青山2号

Camellia sinensis（L.）O. Kuntze cv. Qingshan 2

来　　源：从广西壮族自治区金秀瑶族自治县地方茶树群体引进。

形态特征：乔木型，树姿直立，分枝中等；大叶类，叶长11.8cm、宽5.6cm，叶片中等椭圆形，水平着生，叶色绿色，叶面隆起，叶身内折，叶基近圆形，叶尖渐尖，叶缘平。新梢芽叶暗紫色，茸毛密，芽头粗壮。花冠直径平均3.6cm，花瓣白色，雌蕊高于雄蕊，花柱3裂，分裂位置中。

生长特性：中生种，广州一芽三叶期为3月中旬。生长势强。结实性强。

生产性能：适制绿茶、红茶。制绿茶，因含较高含量花青素，汤色呈紫红色，但苦涩味重。适应性和抗逆性较强。

青山6号

Camellia sinensis（L.）*O. Kuntze cv. Qingshan 6*

来　　源：从广西壮族自治区金秀瑶族自治县地方茶树群体引进。

形态特征：乔木型，树姿直立，分枝中等；中叶类，叶长10.2cm、宽5.0cm，叶片中等椭圆形，斜向上着生，叶色绿色，叶面微隆，叶身内折，叶基钝，叶尖急尖，叶缘平。新梢芽叶紫绿色，茸毛密度中等。花冠直径3.0~3.5cm，花瓣白色，雌蕊与雄蕊等高，花柱3裂，分裂位置高。广州一芽三叶期为3月中旬。

生长特性：中生种，广州一芽三叶期为3月中旬。

生产性能：适制绿茶、黑茶。

圣堂山7号

Camellia sinensis（L.）O. Kuntze cv. *Shengtangshan 7*

来　　源：从广西壮族自治区金秀瑶族自治县地方茶树群体引进的单株。

形态特征：乔木型，树姿半开张，分枝稀；中叶类，叶长10.4cm、宽4.6cm，叶片披针形，斜向上着生，叶色绿色，油亮，叶质叶面微隆，叶身内折，叶基钝，叶尖渐尖，叶缘微波。新梢芽叶绿色略带紫，光滑柔软，无茸毛。花冠直径2.5～3.0cm，花瓣白色，雌蕊高于雄蕊，花柱3裂，分裂位置中。

生长特性：中生种，广州一芽三叶期为3月中旬。结实力弱。

生产性能：适制绿茶、黑茶。

矮丰

Camellia sinensis var. *assamica*（Masters）Kitamura cv. *Aifeng*

来　　源：云南普文农场和思茅茶树良种场从普文农场有性群体中采用单株育种法育成的无性系，审定编号滇茶5号。

形态特征：乔木型，树姿开张，分枝密；大叶类，叶长12.6cm、宽5.8cm，叶片长椭圆形，斜向上着生，叶色深绿，叶身内折，叶缘微波，叶尖渐尖。新梢芽叶绿色，茸毛密。花冠直径3.4～4.0cm，花瓣白色，雌蕊高于雄蕊，花柱3裂，分裂位置低。

生长特性：中生种，广东英德一芽三叶期在3月下旬。新梢芽叶生育力和持嫩性较强，一芽三叶百芽重158.1g。春茶一芽二叶干样约含水浸出物50.4%、氨基酸3.1%、茶多酚25.6%、咖啡碱2.9%。

生产性能：每667m²可产干茶145kg以上。适制红茶、绿茶。制红茶，香气高鲜，滋味浓强；制绿茶香高味浓醇。抗旱性强。

佛香3号

Camellia sinensis（L.）O. Kunze cv. *Foxiang 3*

来　　源：云南省农业科学院茶叶研究所从长叶白毫与福鼎大白人工杂交后代中采用单株育种法育成的无性系，审定编号DS029-2003。

形态特征：小乔木型，树姿半开张，分枝密；大叶类，叶长12.6cm、宽5.7cm，叶片长椭圆形，水平着生，叶色绿，叶面隆，叶身内折，叶缘微波，叶尖渐尖。新梢芽叶绿色，茸毛特密。花冠直径3.5～4.0cm，花瓣白色，雌蕊高于雄蕊，花柱3裂，分裂位置低。

生长特性：中生种，广东英德一芽三叶期在3月上旬。新梢芽叶生育力和持嫩性较强，一芽三叶百芽重82.0g。春茶一芽二叶干样约含水浸出物50.5%、氨基酸4.1%、茶多酚13.1%、咖啡碱2.7%。

生产性能：每667m²可产干茶150kg以上。适制绿茶。制绿茶外形肥硕较紧，满披银毫，香气高长，汤色黄绿明亮，滋味鲜醇，叶底绿而明亮。抗旱、抗寒性较强。

云瑰

Camellia sinensis var. *assamica*（Masters）Kitamura cv. *Yungui*

来　　源：云南省普文农场和思茅茶树良种场从普文农场有性群体中采用单株育种法育成的无性系，小乔木型，大叶类，中生种，审定编号滇茶6号。

形态特征：小乔木型，树姿开张，分枝密；大叶类，叶长11.7cm、宽5.4cm，叶片长椭圆形，斜向上着生，叶色深绿，叶身内折，叶缘微波，叶尖渐尖。新梢芽叶绿色，茸毛密。花冠直径3.0～3.5cm。花瓣白色，雌蕊高于雄蕊，花柱3裂，分裂位置中。

生长特性：中生种，广东英德一芽三叶期在3月中旬。新梢芽叶生育力和持嫩性较强，一芽三叶百芽重158.1g。春茶一芽二叶干样约含水浸出物44.3%、氨基酸3.1%、茶多酚21.9%、咖啡碱3.7%。

生产性能：每667m²可产干茶145kg以上。适制红茶、绿茶。制红茶，香气高鲜，滋味浓强；制绿茶香高，味浓醇。抗旱、抗寒性较强。

大苞茶1号

Camellia sinensis var. *assamica*（Masters）Kitamura cv. *Dabaocha 1*

来　　源： 从云南临沧大苞茶野生有性群体中引进的单株。

形态特征： 小乔木型，树姿开张，分枝稀；大叶类，叶长12.4cm、宽5.9cm，叶片中等椭圆形，斜向上着生，叶色绿色，叶面隆，叶身内折，叶基楔形，叶尖渐尖，叶缘平。新梢芽叶绿色，茸毛密。花冠直径4.0～4.5cm，花瓣白色，雌蕊与雄蕊等高，花柱3裂，分裂位置中。

生长特性： 中生种，广东英德一芽三叶期为3月下旬。新梢芽叶生育力和持嫩性较强，一芽三叶百芽重126.0g。春茶一芽二叶干样约含水浸出物45.1%、氨基酸31.0%、茶多酚22.8%、咖啡碱3.1%。

生产性能： 适制红茶。抗寒性差。

大苞茶3号

Camellia sinensis var. *assamica*（Masters）Kitamura cv. *Dabaocha 3*

来　　源：从云南临沧大苞茶野生有性群体中引进的单株。

形态特征：小乔木型，树姿半开张，分枝密；大叶类，叶长11.6cm、宽5.8cm，叶片中等椭圆形，斜向上着生，叶色绿色，叶面隆，叶身平，叶基楔形，叶尖渐尖，叶缘波。新梢芽叶黄绿色，茸毛密。花冠直径3.0～4.0cm，花瓣白色，雌蕊高于雄蕊，花柱3裂，分裂位置中。

生长特性：中生种，广东广州一芽三叶期为3月下旬。新梢芽叶生育力较强，一芽三叶百芽重121.0g。春茶一芽二叶干样约含水浸出物41.1%、氨基酸2.7%、茶多酚23.2%、咖啡碱3.2%。

生产性能：适制红茶。抗寒性差，扦插繁育力强。

短节白毫

Camellia sinensis var. *assamica*（Masters）Kitamura cv. *Duanjie Baihao*

来　　源：云南省普文农场和普洱茶树良种场从当地有性群体中采用单株育种法育成的无性系。

形态特征：乔木型，树姿半开张，分枝密；大叶类，叶长12.4cm、宽5.8cm，叶片椭圆形，斜向上着生，叶色绿色，叶面隆，叶身内折，叶基钝，叶尖钝，叶缘波。新梢芽叶黄绿色，茸毛密。花冠直径3.0～4.0cm，花瓣白色，雌蕊高于雄蕊，花柱3裂，分裂位置中。

生长特性：中生种，广东英德一芽三叶期为3月下旬。新梢芽叶生育力和持嫩性强，一芽三叶百芽重155.2g。春茶一芽二叶干样约含水浸出物54.7%、氨基酸2.3%、茶多酚33.2%、咖啡碱4.9%。

生产性能：每667m²可产干茶130kg。适制红茶、绿茶、普洱茶。制红茶，香气持久，滋味浓强鲜；制绿茶，色深显毫，香持久，滋味鲜浓，汤色、叶底翠绿；制普洱熟茶，干茶褐色，汤色红浓明亮，滋味醇爽滑。抗旱性和抗病虫害能力强，抗寒性较弱。扦插发根力较强，须根少、粗壮，幼苗生长慢。

凤庆1号

Camellia sinensis var. *assamica*（Masters）Kitamura cv. *Fengqing 1*

来　　源：从云南凤庆大叶种群体中选育的单株。

形态特征：乔木型，树姿半开张，分枝中等；大叶类，叶长12.5cm、宽5.8cm，叶片阔椭圆形，水平着生，叶色深绿色，叶面微隆，叶身平，叶基楔形，叶尖渐尖，叶缘微波。新梢芽叶浅绿色，茸毛密度中等。花冠直径3.0~4.0cm，花瓣白色，雌蕊高于雄蕊，花柱3裂，分裂位置中。

生长特性：中生种，广东英德一芽三叶期为3月下旬。新梢芽叶生育力强，一芽三叶百芽重127.0g。

生产性能：适制红茶、普洱茶。抗寒性差，扦插繁育力强。

凤庆2号

Camellia sinensis var. *assamica*（Masters）Kitamura cv. *Fengqing 2*

来　　源：从云南凤庆大叶种群体中选育的单株。

形态特征：乔木型，树姿半开张，分枝中等；大叶类，叶长12.4cm、宽6.2cm，叶片椭圆形，水平着生，叶色深绿色，叶面微隆，叶身平，叶基楔形，叶尖渐尖，叶缘微波。新梢芽叶浅绿色，茸毛密度中等。花冠直径3.0~4.0cm，花瓣白色，雌蕊高于雄蕊，花柱3裂，分裂位置中。

生长特性：中生种，广东英德一芽三叶期为3月下旬。新梢芽叶持嫩性较强。

生产性能：适制红茶、绿茶、普洱茶。抗寒性弱，扦插繁育力强。

凤庆3号

Camellia sinensis var. *assamica*（Masters）Kitamura cv. *Fengqing 3*

来　　源： 从云南凤庆大叶种群体中选育的单株。

形态特征： 乔木型，树姿直立，分枝中等；大叶类，叶长13.6cm、宽5.4cm，叶片披针形，水平着生，叶色深绿色，叶面隆，叶身平，叶基楔形，叶尖渐尖，叶缘波。新梢芽叶黄绿色，茸毛密。花冠直径3.0~4.0cm，花瓣白色，雌蕊高于雄蕊，花柱3裂，分裂位置低。

生长特性： 中生种，广东英德一芽三叶期为3月下旬。

生产性能： 适制红茶、绿茶、普洱茶。抗寒性差，扦插繁殖力强。

凤庆4号

Camellia sinensis var. *assamica*（Masters）Kitamura cv. *Fengqing 4*

来　　源：从云南凤庆大叶种群体中选育的单株。

形态特征：乔木型，树姿半开张，分枝较密；大叶类，叶长14.4cm、宽5.2cm，叶片窄椭圆形，水平着生，叶色深绿色，叶面微隆，叶身平，叶基楔形，叶尖渐尖，叶缘微波。新梢芽叶紫绿色，茸毛密。花冠直径3.0~4.0cm，花瓣白色，雌蕊高于雄蕊，花柱3裂，分裂位置低。

生长特性：中生种，广东英德一芽三叶期为3月下旬。

生产性能：适制红茶、普洱茶。抗寒性差，扦插繁育力强。

云南大叶

Camellia sinensis var. *assamica*（Masters）Kitamura cv. *Yunnan Daye*

来　　源：从云南引进的云南大叶群体种。

形态特征：小乔木型，树姿半开张，分枝中等；大叶类，叶长14.4cm、宽5.5cm，叶片中等椭圆形，水平着生，叶色深绿色，叶面隆，叶身内折，叶基楔形，叶尖渐尖，叶缘微波。新梢芽叶黄绿色，茸毛密度中等。花冠直径3.5～4.0cm，花瓣白色，雌蕊高于雄蕊，花柱3裂，分裂位置高。

生长特性：中生种，广东英德一芽三叶期为3月下旬。新梢芽叶生育力和持嫩性强，一芽三叶百芽重142.0g。

生产性能：适制红茶。抗寒性差，扦插繁育力强。

紫娟

Camellia sinensis var. *assamica*（Masters）Kitamura cv. *Zijuan*

来　　源： 云南农业科学院茶叶研究所选育的无性系，品种权号20050031。

形态特征： 小乔木型，树姿直立，分枝中等；大叶类，叶长13.4cm、宽4.7cm，叶片椭圆形，斜向上着生，叶色深绿色，叶面隆，叶身内折，叶基楔形，叶尖急尖，叶缘微波。新梢芽叶紫色，茸毛密度中等。花冠直径3.0～4.0cm，花瓣白色，雌蕊高于雄蕊，花柱3裂，分裂位置中。

生长特性： 中生种，广东英德一芽三叶期为3月下旬。新梢芽叶生育力强，一芽三叶百芽重74.5g。春茶一芽二叶干样约含水浸出物45.9%、氨基酸2.6%、茶多酚25.3%、咖啡碱3.2%、花青素0.8%。

生产性能： 适制高花青素茶产品。扦插繁殖力强。

易武勐库1号

Camellia sinensis var. *assamica*（Masters）Kitamura cv. *Yiwu mengku 1*

来　　源：从云南易武勐库大叶茶树群体引进的单株。

形态特征：乔木型，树姿半开张，分枝中等；大叶类，叶长14.6cm、宽5.8cm，叶片长椭圆形，水平着生，叶色绿色，叶面微隆，叶身稍内折，叶基楔形，叶尖渐尖，叶缘波。新梢芽叶绿色，茸毛密。

生长特性：中生种，广东英德一芽三叶期为3月下旬。新梢芽叶生育力和持嫩性强，一芽三叶百芽重157.0g。

生产性能：适制红茶、普洱茶。抗寒性差，产量高。

易武勐库2号

Camellia sinensis var. *assamica*（Masters）Kitamura cv. *Yiwu mengku 2*

来　　源： 从云南易武勐库大叶茶树群体引进的单株。

形态特征： 乔木型，树姿开张，分枝中等；大叶类，叶长14.4cm、宽5.6cm，叶片长椭圆形，水平着生，叶色绿色，叶面微隆，叶身内折，叶基楔形，叶尖渐尖，叶缘波。新梢芽叶绿色，茸毛密。

生长特性： 中生种，广东英德一芽三叶期为3月下旬。新梢芽叶生育力和持嫩性强，一芽三叶百芽重162.0g。

生产性能： 适制红茶、普洱茶。抗寒性差，产量高。

易武勐库3号

Camellia sinensis var. *assamica*（Masters）Kitamura cv. *Yiwu mengku 3*

来　　源：从云南易武勐库大叶茶树群体引进的单株。

形态特征：乔木型，树姿半开张，分枝中等；大叶类，叶长13.9cm、宽5.6cm，叶片长椭圆形，水平着生，叶色绿色，叶面微隆，叶身内折，叶基楔形，叶尖渐尖，叶缘波。新梢芽叶绿色，茸毛密。

生长特性：中生种，广东英德一芽三叶期为3月下旬。新梢芽叶生育力和持嫩性强，一芽三叶百芽重157.0g。

生产性能：适制红茶、普洱茶。抗寒性差，产量高。

易武勐库4号

Camellia sinensis var. *assamica*（Masters）Kitamura cv. *Yiwu mengku 4*

来　　源： 从云南易武勐库大叶茶树群体引进的单株。

形态特征： 乔木型，树姿开张，分枝中等；大叶类，叶长14.4cm、宽6.0cm，叶片椭圆形，水平着生，叶色绿色，叶面平，叶身内折，叶基楔形，叶尖渐尖，叶缘平。新梢芽叶绿色，茸毛密。

生长特性： 中生种，广东英德一芽三叶期为3月下旬。新梢芽叶生育力和持嫩性强，一芽三叶百芽重173.0g。

生产性能： 适制红茶、普洱茶。抗寒性差，产量高。

黔湄419

Camellia sinensis（L.）O. Kunze cv. *Qianmei 419*

来　　源：又名"抗春迟"，由贵州省湄潭茶叶科学研究所从镇沅大叶茶与乐平高脚茶自然杂交后代中采用单株育种法育成的无性系，审定编号GS 13031-1987。

形态特征：小乔木型，树姿半开张，分枝较密；大叶类，叶长12.6cm、宽5.3cm，叶片斜向上着生，椭圆形，叶色绿，叶面微隆，叶身平，叶缘平，叶尖渐尖。新梢芽叶黄绿色，茸毛密。花冠直径3.9cm，子房茸毛中等，雌蕊、雄蕊等高，花柱3裂，分裂位置高。

生长特性：晚生种，广东英德一芽三叶期在4月下旬。新梢芽叶生育力和持嫩性较强，一芽三叶百芽重60.2g。春茶一芽二叶干样约含水浸出物48.3%、氨基酸3.2%、茶多酚21.5%、咖啡碱4.4%。

生产性能：每667m²可产干茶200kg以上。适制红茶。汤色红艳，香气持久，滋味浓厚。抗旱性强，抗寒性较强。

黔湄809

Camellia sinensis（L.）O. Kunze cv. *Qianmei 809*

来　　源：由贵州省湄潭茶叶科学研究所从福鼎大白茶与黔湄412自然杂交后代中采用单株育种法育成的无性系，审定编号国审茶2002007。

形态特征：小乔木型，树姿半开张，分枝较密；大叶类，叶长11.8cm、宽5.6cm，叶片斜向上着生，椭圆形，叶色绿，叶面微隆，叶身内折，叶缘微波，叶尖渐尖。新梢芽叶绿色，茸毛密。花冠直径4.0cm，子房茸毛中等，雌蕊高于雄蕊，花柱3裂，分裂位置中。

生长特性：晚生种，广东英德一芽三叶期在4月中旬。新梢芽叶生育力和持嫩性较强，一芽三叶百芽重113.0g。春茶一芽二叶干样约含水浸出物48.2%、氨基酸3.2%、茶多酚22.6%、咖啡碱4.2%。

生产性能：每667m²可产干茶280kg以上。适制红茶。制红茶品质优良。抗旱性强，抗寒性较强。

黔茶7号

Camellia sinensis（L.）*O. Kunze cv. Qiancha 7*

来　　源：从贵州农业科学院茶叶研究所引进的无性系。

形态特征：小乔木型，树姿直立，分枝稀；中叶类，叶长10.3cm、宽4.6cm，叶片中等椭圆形，斜向上着生，叶色绿色，叶面隆，叶身内折，叶基楔形，叶尖渐尖，叶缘波。新梢芽叶黄绿色，茸毛密度中等。花冠直径3.0～4.0cm，花瓣白色，雌蕊高于雄蕊，花柱3裂，分裂位置高。

生长特性：中生种，广东英德一芽三叶期为3月下旬。

生产性能：适制绿茶。抗寒性中等，抗旱性中等。

黔茶8号

Camellia sinensis（L.）*O. Kunze cv. Qiancha 8*

来　　源： 从贵州农业科学院茶叶研究所引进的无性系。

形态特征： 小乔木型，树姿半开张，分枝中等；中叶类，叶长10.7cm、宽5.0cm，叶片窄椭圆形，斜向上着生，叶色绿色，叶面微隆，叶身内折，叶基楔形，叶尖渐尖，叶缘微波。新梢芽叶黄绿色，茸毛稀。花冠直径2.0～2.5cm，花瓣白色，雌蕊高于雄蕊，花柱3裂，分裂位置高。

生长特性： 中生种，广东英德一芽三叶期为3月下旬。新梢芽叶生育力和持嫩性较强，一芽三叶百芽质量94.6g。春季一芽二叶蒸青样含水浸出物43.8%、茶多酚16.7%、咖啡碱3.4%、游离氨基酸4.9%。

生产性能： 适制绿茶，制烘青绿茶，外形紧细带芽，汤色浅绿，香气高有花香，滋味甘醇，叶底嫩绿明亮。抗寒性中等，抗旱性中等。

黔茶4号

Camellia sinensis（L.）*O. Kunze cv. Qiancha 4*

来　　源： 从贵州农业科学院茶叶研究所引进的无性系。

形态特征： 小乔木型，树姿半开张，分枝稀；中叶类，叶长10.3cm、宽5.4cm，叶片中等椭圆形，斜向上着生，叶色绿色，叶面隆，叶身内折，叶基楔形，叶尖渐尖，叶缘微波。新梢芽叶浅绿色，茸毛密。花冠直径2.0~2.5cm，花瓣白色，雌蕊高于雄蕊，花柱3裂，分裂位置中。

生长特性： 中生种，广东英德一芽三叶期为3月下旬。抗寒性中等，抗旱性中等。春茶一芽二叶干样约含水浸出物44.1%、氨基酸1.9%、茶多酚37%、咖啡碱5.5%。

生产性能： 每667m²可产干茶200kg以上。适制绿茶，外形卷曲肥嫩，汤色嫩绿，毫香持久，滋味浓爽带鲜，叶底黄绿显芽。抗寒性中等，抗旱性中等。

春兰

Camellia sinensis（L.）O. Kunze cv. *Chunlan*

来　　源：由福建省农业科学院茶叶研究所从铁观音自然杂交后代中采用单株育种法育成的无性系，
审定编号国审茶2010016。

形态特征：灌木型，植株中等，树姿半开张；中叶类，叶长10.8cm、宽4.4cm，成熟叶片呈水平着
生，长椭圆形，叶色深绿，有光泽，叶面微隆，叶身平，叶缘波，叶尖渐尖。新梢芽叶黄
绿色，茸毛稀。花冠直径4.0～4.5cm，花瓣白色，雌蕊高于雄蕊，花柱3裂，分裂位置高。

生长特性：中生种，广东英德一芽三叶期在3月下旬至4月上旬。新梢芽叶生育力和持嫩性较强，一芽
三叶百芽重58.0g。春茶一芽二叶干样约含水浸出物51.4%、氨基酸5.7%、茶多酚15.6%、
咖啡碱3.7%。

生产性能：每667m²可产干茶130kg。适制乌龙茶、绿茶、红茶。制乌龙茶外形重实，香气清幽细长，
兰花香显，滋味醇厚有甘韵；制绿茶，汤色浅绿明亮，花香浓郁持久，滋味鲜醇爽口；制
红茶，外形细长匀整，色泽乌黑有光，汤色金黄，香气似花果香，滋味鲜活干爽。抗寒性
和抗旱性强。

大红袍

Camellia sinensis（L.）O. Kunze cv. *Dahongpao*

来　源：由福建省武夷山茶叶局从武夷山天心岩九龙窠岩壁上母树选育的无性系，审定编号闽审茶2012002。

形态特征：灌木型，植株中等大小，树姿半开张，分枝较密；中叶类，叶长9.8cm、宽4.5cm，成熟叶片稍上斜状着生，椭圆形，叶色深绿，有光泽，叶面微隆，叶身稍内折，叶缘平，叶尖钝尖。新梢芽叶淡绿色，茸毛较密。花冠直径3.0cm，子房茸毛中等，花柱3裂。

生长特性：晚生种，广东英德一芽三叶期在4月中下旬。新梢芽叶生育力和持嫩性较强，一芽二叶百芽重80.0g。春茶一芽二叶干样约含水浸出物51.0%、氨基酸5.0%、茶多酚17.1%、咖啡碱3.5%。

生产性能：每667m²可产干茶100kg以上。适制乌龙茶。制乌龙茶，外形条索紧结，色泽乌润，内质香气浓长，滋味醇厚。回甘，汤色深橙黄。抗寒性和抗旱性强。

丹桂

Camellia sinensis（L.）O. Kunze cv. *Dangui*

来　　源：由福建省农业科学院茶叶研究所从肉桂自然杂交后代中采用单株育种法育成的无性系，审定编号国品鉴茶2010015。

形态特征：灌木型，植株较高大，树姿半开张，分枝密；中叶类，叶长9.8cm、宽4.2cm，成熟叶片斜向上着生，椭圆形，叶色深绿，有光泽，叶面平，叶身平，叶缘微波，叶尖渐尖。新梢芽叶黄绿色，茸毛稀。花冠直径3.5～4.0cm，花瓣白色，雌蕊高于雄蕊，花柱3裂，分裂位置高。

生长特性：早生种，广东英德一芽三叶期在3月上旬。新梢芽叶生育力和持嫩性较强，一芽三叶百芽重66.0g。春茶一芽二叶干样约含水浸出物49.9%、氨基酸3.3%、茶多酚17.7%、咖啡碱3.2%。

生产性能：每667m²可产干茶200kg以上。适制乌龙茶。制乌龙茶，香气清香持久、有花香，滋味清爽带鲜、回甘。抗寒性和抗旱性强。

凤园春

Camellia sinensis（L.）*O. Kunze cv. Fengyuanchun*

来　　源： 由福建省安溪县茶叶科学研究所从当地铁观音群体中采用单株育种法育成的无性系，审定编号闽审茶99001。

形态特征： 灌木型，植株适中，树姿半开张；中叶类，叶长10.4cm、宽4.4cm，叶片呈水平状着生，椭圆形，叶色深绿，富光泽，叶面隆起，叶身平，叶缘波，叶尖圆尖。新梢芽叶紫红色，茸毛较稀。花冠直径3.3cm，雌蕊高于雄蕊，花柱3裂，分裂位置高。

生长特性： 晚生种，英德产地一芽三叶期在4月上旬。新梢芽叶生育力和持嫩性较强，一芽三叶百芽重148.8g。春茶一芽二叶干样约含水浸出物42.7%、氨基酸5.2%。

生产性能： 每667m²可产干茶130kg以上。适制乌龙茶。制乌龙茶，条索紧结重实，色泽褐绿润，香气高强，滋味醇厚甘爽，微带甜酸味。抗寒性较强，抗旱性强。

福鼎大白茶

Camellia sinensis（L.）*O. Kunze cv. Fuding Dabaicha*

来　　源： 原产福建省福鼎市点头镇柏柳村，无性系，审定编号GS 13001-1985。

形态特征： 小乔木型，植株较高大，树姿半开张，分枝较密；中叶类，叶长10.6cm、宽4.6cm，叶片斜向上着生，椭圆形，叶色绿，叶面隆起，叶缘平，叶身平，叶尖钝尖。新梢芽叶黄绿色，茸毛特密。花冠直径3.7cm，子房茸毛多，雌蕊高于雄蕊，花柱3裂，分裂位置中。

生长特性： 中生种，广东英德一芽三叶期在3月下旬。新梢芽叶生育力和持嫩性较强，一芽三叶百芽重63.0g。春茶一芽二叶干样约含水浸出物49.8%、氨基酸4.0%、茶多酚14.8%、咖啡碱3.3%。

生产性能： 每667m²可产干茶200kg以上。适制绿茶、红茶、白茶。制烘青绿茶，色翠绿，白毫多，香高爽似栗香，味鲜醇；制工夫红茶，色泽乌润显毫，汤色红艳，香高味醇；制白茶，芽壮色白，香鲜味醇。抗寒性较强，抗旱性强，适宜在长江南北及华南茶区种植。

福鼎大毫茶

Camellia sinensis（L.）*O. Kunze cv. Fuding Dahaocha*

来　　源：原产福建省福鼎市点头镇汪家洋村，无性系，审定编号GS 13002-1985。

形态特征：小乔木型，植株高大，树姿直立，分枝较密；大叶类，叶长11.8cm、宽5.5cm，叶片水平着生，长椭圆形，叶色绿，叶面隆起，叶缘微波，叶身内折，叶尖渐尖。新梢芽叶黄绿色，茸毛特密。花冠直径4.3～5.2cm，子房茸毛多，雌蕊高于雄蕊，花柱3裂，分裂位置高。

生长特性：中生种，广东英德一芽三叶期在3月下旬。新梢芽叶生育力和持嫩性较强，一芽三叶百芽重104.0g。春茶一芽二叶干样约含水浸出物47.2%、氨基酸5.3%、茶多酚17.3%、咖啡碱3.2%。

生产性能：每667m²可产干茶200～300kg。适制绿茶、红茶、白茶。制烘青绿茶，色翠绿，白毫多，香高爽似栗香，味鲜醇；制功夫红茶，色泽乌润显毫，汤色红艳，香高味醇；制白茶，芽壮色白，香鲜味醇。抗寒性较强，抗旱性强。

福建水仙

Camellia sinensis（L.）O. Kunze cv. *Fujian Shuixian*

来　　源： 原产福建建阳小湖乡大湖村，无性系，审定编号GS 13009-1985。

形态特征： 小乔木型，植株高大，树姿半开张，分枝稀；大叶类，叶长12.6cm、宽5.8cm，叶片水平着生，长椭圆形，叶色深绿，叶面平，叶缘微波，叶尖渐尖。新梢芽叶淡绿色，茸毛较密。只开花不结果，花冠直径3.7~4.4cm，子房茸毛多，雌蕊高于雄蕊，花柱3裂，分裂位置中。

生长特性： 中生种，广东英德一芽三叶期在3月下旬。新梢芽叶生育力和持嫩性较强，一芽三叶百芽重112.0g。春茶一芽二叶干样约含水浸出物50.5%、氨基酸3.3%、茶多酚17.6%、咖啡碱4.0%。

生产性能： 每667m²可产干茶150kg。适制乌龙茶、红茶、绿茶、白茶。制乌龙茶色翠润，条索肥壮，香高长似兰花香，味醇厚，回味甘爽；制作红茶绿茶，条索肥壮，毫显，香高味浓；制作白茶，芽壮毫多色白，香清味醇。抗寒性较强，抗旱性较强。

福云6号

Camellia sinensis（L.）*O. Kunze cv. Fuyun 6*

来　　源： 由福建省农业科学院茶叶研究所从福鼎大白茶与云南大叶茶自然杂交后代中采用单株育种法育成的无性系，审定编号GS 13033-1987。

形态特征： 小乔木型，植株高大，树姿半开张，分枝较密；大叶类，叶长12.3cm、宽5.5cm，叶片水平着生，长椭圆形，叶色绿，叶面平，叶缘微波，叶身稍内折，叶尖渐尖。新梢芽叶淡黄绿色，茸毛特密。花冠直径3.3cm，雌蕊高于雄蕊，花柱3裂，分裂位置高。

生长特性： 中生种，广东英德一芽三叶期在3月中旬。新梢芽叶生育力和持嫩性较强，一芽三叶百芽重69.0g。春茶一芽二叶干样约含水浸出物45.1%、氨基酸4.7%、茶多酚14.9%、咖啡碱2.9%。

生产性能： 每667m²可产干茶200~300kg。适制绿茶、红茶、白茶。制工夫红茶，色泽乌润显毫，香清高，味醇和；制烘青绿茶，条索紧细，色泽绿带淡黄，白毫多，香清味醇；制白茶，芽壮毫多色白。抗旱性强，抗寒性较强。

福云7号

Camellia sinensis（L.）*O. Kunze cv. Fuyun 7*

来　　源： 由福建省农业科学院茶叶研究所从福鼎大白茶与云南大叶茶自然杂交后代中采用单株育种法育成的无性系，审定编号GS 13034-1987。

形态特征： 小乔木型，植株高大，树姿直立，分枝较密；大叶类，叶长15.6cm、宽6.3cm，成熟叶片叶面平，叶身平，叶缘平，叶尖渐尖。新梢芽叶黄绿色，茸毛密。花冠直径3.3~4.3cm，子房茸毛多，雌蕊高于雄蕊，花柱3裂，分裂位置高。

生长特性： 中生种，广东英德一芽三叶期在3月下旬。新梢芽叶生育力和持嫩性较强，一芽三叶百芽重95.0g。春茶一芽二叶干样约含水浸出物48.9%、氨基酸4.0%、茶多酚13.6%、咖啡碱4.1%。

生产性能： 每667m²可产干茶200~300kg。适制绿茶、红茶、白茶。制工夫红茶，色泽乌润显毫，香清高，味醇和；制烘青绿茶，条索紧细，色泽绿带淡黄，白毫多，香清味醇；制白茶，芽壮毫多色白。抗旱性强，抗寒性较强。

黄观音

Camellia sinensis（L.）*O. Kunze cv. Huangguanyin*

来　　源：由福建省农业科学院茶叶研究所从铁观音为母本黄棪为父本，采用杂交育种法育成的无性系，审定编号国审茶2002015。

形态特征：小乔木型，植株高大，树姿半开张，分枝较密；中叶类，叶长10.7cm、宽4.6cm，叶片斜向上着生，椭圆形，叶色黄绿，叶面隆起，叶缘平，叶身平，叶尖钝尖。新梢芽叶黄绿带微紫色，茸毛稀。花冠直径3.9cm，子房茸毛中等，雌蕊与雄蕊等高，花柱3裂，分裂位置低。

生长特性：中生种，广东英德一芽三叶期在3月上旬。新梢芽叶生育力和持嫩性较强，一芽三叶百芽重58.0g。春茶一芽二叶干样约含水浸出物48.4%、氨基酸4.8%、茶多酚19.4%、咖啡碱3.4%。

生产性能：每667m²可产干茶200kg以上。适制乌龙茶、红茶、绿茶。制乌龙茶，香气馥郁芬芳，具有"通天香"的香气特征，滋味醇厚甘爽，制绿茶、红茶，香高爽，味醇厚。抗旱性强，抗寒性较强。

黄玫瑰

Camellia sinensis（L.）O. Kunze cv. *Huangmeigui*

来　　源：由福建省农业科学院茶叶研究所从黄观音与黄棪人工杂交一代中采用单株育种法育成的无性系，审定编号国审茶2010025。

形态特征：小乔木型，植株较高大，树姿半开张，分枝密；中叶类，叶长9.8cm、宽4.3cm，叶片呈水平着生，椭圆形，叶色绿，叶面隆起，叶身稍内折，叶缘微波，叶尖渐尖。新梢芽叶黄绿色，茸毛稀。花冠直径2.7cm，子房茸毛中等，雌蕊高于雄蕊，花柱3裂，分裂位置高。

生长特性：中生种，广东英德一芽三叶期在3月上旬。新梢芽叶生育力和持嫩性较强，一芽三叶百芽重51.1g。春茶一芽二叶干样约含水浸出物49.6%、氨基酸5.0%、茶多酚15.9%、咖啡碱3.3%。

生产性能：每667m²可产干茶200kg以上。适制乌龙茶、红茶、绿茶。制乌龙茶，香气馥郁高爽，滋味醇厚回甘；制绿茶、红茶，香高爽，味鲜醇。抗旱性强，抗寒性较强。

黄奇

Camellia sinensis（L.）O. Kunze cv. *Huangqi*

来　　源：由福建省农业科学院茶叶研究所从黄棪与白奇兰自然杂交后代中采用单株育种法育成的无性系，审定编号国审茶2002018。

形态特征：小乔木型，植株较高大，树姿半开张；中叶类，叶长10.4cm、宽4.5cm，叶片呈水平着生，椭圆形，叶色绿，叶面微隆，叶身平，叶缘微波，叶尖渐尖。新梢芽叶黄绿色，茸毛稀。花冠直径4.4cm，子房茸毛少，雌蕊高于雄蕊，花柱3裂，分裂位置高。

生长特性：中生种，广东英德一芽三叶期在3月下旬。新梢芽叶生育力和持嫩性较强，一芽三叶百芽重65.0g。春茶一芽二叶干样约含水浸出物50.2%、氨基酸4.2%、茶多酚19.6%、咖啡碱4.0%。

生产性能：每667m²可产干茶150kg以上。适制乌龙茶、红茶、绿茶。制乌龙茶，香气浓郁细长，有"奇兰"类品种特征香型，滋味醇厚鲜爽；制红茶、绿茶，香高爽，味浓厚。抗旱性强，抗寒性较强。

黄棪

Camellia sinensis（L.）O. Kunze cv. *Huangdan*

来　　源：又名"黄金桂""黄旦"，原产福建省安溪县虎邱镇罗岩美庄，无性系，审定编号GS 13008-1985。

形态特征：小乔木型，植株中等，树姿直立，分枝较密；中叶类，叶长9.6cm、宽4.5cm，叶片斜向上着生，椭圆形，叶色黄绿，叶面微隆，叶缘平，叶身内折，叶尖渐尖。新梢芽叶黄绿色，茸毛稀。花冠直径2.7～3.2cm，子房茸毛中等，雌蕊高于雄蕊，花柱3裂，分裂位置高。

生长特性：中生种，广东英德一芽三叶期在3月上旬。新梢芽叶生育力和持嫩性较强，一芽三叶百芽重59.0g。春茶一芽二叶干样约含水浸出物48.0%、氨基酸3.5%、茶多酚16.2%、咖啡碱3.6%。

生产性能：每667m²可产干茶150kg以上。适制乌龙茶、红茶、绿茶。制乌龙茶，香气馥郁芬芳，有"透天香"，滋味醇厚甘爽；制红茶、绿茶，香高爽，味浓厚。抗旱性强，抗寒性较强。

金牡丹

Camellia sinensis（L.）O. Kunze cv. *Jinmudan*

来　　源：由福建省农业科学院茶叶研究所以铁观音为母本、黄棪为父本，采用杂交育种法育成的无性系，审定编号国品鉴茶2010024。

形态特征：灌木型，植株中等，树姿直立；中叶类，叶长10.5cm、宽4.6cm，叶片水平着生，椭圆形，叶色绿，叶面隆，叶缘微波，叶身平，叶尖钝尖。新梢芽叶紫绿色，茸毛稀。花冠直径3.4cm，子房茸毛中等，雌蕊高于雄蕊，花柱3裂，分裂位置高。

生长特性：中生种，广东英德一芽三叶期在3月中旬。新梢芽叶生育力和持嫩性较强，一芽三叶百芽重70.9g。春茶一芽二叶干样约含水浸出物49.6%、氨基酸5.1%、茶多酚18.6%、咖啡碱3.6%。

生产性能：每667m²可产干茶150kg以上。适制乌龙茶、红茶、绿茶。制乌龙茶，香气馥郁芬芳，滋味醇厚甘爽；制红茶、绿茶，香高爽，味浓厚。抗旱性强，抗寒性较强。

九龙袍

Camellia sinensis（L.）*O. Kunze cv. Jiulongpao*

来　　源： 由福建省农业科学院茶叶研究所从大红袍自然杂交后代中经系统选育育成的无性系，审定编号国品鉴茶2000002。

形态特征： 灌木型，植株较高大，树姿半开张，分枝密；中叶类，叶长10.8cm、宽4.4cm，叶片斜向上着生，椭圆形。新梢芽叶紫红色，茸毛稀。花冠直径4.1cm，子房茸毛中等，雌蕊、雄蕊等高，花柱3裂，分裂位置高。

生长特性： 晚生种，广东英德一芽三叶期在4月中旬。新梢芽叶生育力和持嫩性较强，一芽三叶百芽重83.0g。春茶一芽二叶干样约含水浸出物49.9%、氨基酸4.1%、茶多酚18.8%、咖啡碱4.1%。

生产性能： 每667m²可产干茶200kg以上。适制乌龙茶。制乌龙茶，香气浓长，花香显，滋味醇爽滑口。抗旱性强，抗寒性较强。

铁观音

Camellia sinensis（L.）O. Kunze cv. *Tieguanyin*

来　　源：原产福建省安溪县西坪镇松尧，无性系，审定编号GS 13007-1985。

形态特征：灌木型，植株中等，树姿开张，分枝稀；中叶类，叶长9.2cm、宽4.3cm，叶片水平着生，椭圆形，叶色绿，叶缘波，叶身平，叶尖渐尖。新梢芽叶绿带紫红色，茸毛稀。花冠直径3.0～3.3cm，子房茸毛中等，雌蕊、雄蕊等高，花柱3裂，分裂位置中。

生长特性：晚生种，广东英德一芽三叶期在4月上旬。新梢芽叶生育力和持嫩性较强，一芽三叶百芽重60.5g。春茶一芽二叶干样约含水浸出物51.0%、氨基酸4.7%、茶多酚17.4%、咖啡碱3.7%。

生产性能：每667m²可产干茶100kg以上。适制乌龙茶、绿茶。制乌龙茶，香气馥郁悠长，滋味醇厚回甘；制绿茶，香高爽，味浓厚。抗旱性强，抗寒性较强。

杏仁茶

Camellia sinensis（L.）O. Kunze cv. *Xingrencha*

来　　源：原产福建省安溪县蓬莱镇清水岩，无性系，审定编号闽审茶99002。

形态特征：灌木型，植株较高大，树姿半开张，分枝密；中叶类，叶长9.8cm、宽4.3cm，叶片水平着生，椭圆形，叶色绿，叶面微隆，叶身平，叶缘微波，叶尖圆尖。新梢芽叶紫红色，茸毛稀。花冠直径3.2cm，子房茸毛中等，雌蕊高于雄蕊，花柱3裂，分裂位置高。

生长特性：晚生种，广东英德一芽三叶期在4月上旬。新梢芽叶生育力和持嫩性较强，一芽三叶百芽重139.6g。春茶一芽二叶干样约含水浸出物45.4%、氨基酸4.7%、茶多酚15.6%、咖啡碱3.7%。

生产性能：每667m²可产干茶150kg以上。适制乌龙茶。制乌龙茶，色泽褐绿润，香气高长，有独特的杏仁香味，滋味浓厚鲜爽。抗旱性强，抗寒性较强。

早春毫

Camellia sinensis（L.）O. Kunze cv. *Zaochunhao*

来　　源：由福建省农业科学院茶叶研究所从迎春自然杂交后代中采用单株选种法育成的无性系，审定编号闽审茶2003001。

形态特征：小乔木型，植株较高大，树姿直立；大叶类，叶长11.6cm、宽5.8cm，叶片斜向上着生，椭圆形，叶色深绿，叶面微隆，叶身平，叶缘平，叶尖渐尖。新梢芽叶淡绿色，茸毛较密。花冠直径3.9cm，子房茸毛少，雌蕊高于雄蕊，花柱3裂，分裂位置高。

生长特性：中生种，广东英德一芽三叶期在3月上旬。新梢芽叶生育力和持嫩性较强，一芽三叶百芽重51.9g。春茶一芽二叶干样约含水浸出物48.1%、氨基酸6.0%、茶多酚9.8%、咖啡碱3.4%。

生产性能：每667m²可产干茶200kg以上。适制绿茶、红茶。制绿茶，外形色绿芽壮毫显，香气高长，有栗香，滋味浓厚甘爽；制红茶，外形色乌润，香高味厚。抗旱性强，抗寒性较强。

紫玫瑰

Camellia sinensis（L.）O. Kunze cv. *Zimeigui*

来　　源：由福建省农业科学院茶叶研究所以铁观音为母本、黄棪为父本，采用杂交育种法育成的无性系，审定编号闽审茶2005003。

形态特征：灌木型，植株中等，树姿直立；中叶类，叶长9.6cm、宽4.5cm，叶片水平着生，椭圆形，叶色深绿，叶面微隆，叶身平，叶缘平，叶尖渐尖。新梢芽叶紫绿色，茸毛密。花冠直径3.2cm，雌蕊低于雄蕊，花柱3裂，分裂位置中。

生长特性：中生种，广东英德一芽三叶期在3月中旬。新梢芽叶生育力和持嫩性较强，一芽三叶百芽重62.0g。春茶一芽二叶干样约含水浸出物48.4%、氨基酸6.2%、茶多酚16.3%、咖啡碱3.1%。

生产性能：每667m²可产干茶200kg以上。适制乌龙茶、绿茶。制乌龙茶，条索紧结重实，香气馥郁悠长，味醇厚回甘；制绿茶，外形色绿，花香显，味醇厚。抗旱性强，抗寒性较强。

福大61号

Camellia sinensis（L.）O. Kunze cv. *Fuda 61*

来　　源： 从福建引进的无性系。

形态特征： 小乔木型，树姿开张，分枝中等；大叶类，叶长12.5cm、宽5.3cm，成熟叶片中等椭圆形，斜向上着生，叶色深绿色，叶面隆，叶身背卷，叶基楔形，叶尖渐尖，叶缘波。新梢芽叶浅绿色，茸毛密度中等。花冠直径3.0～4.0cm，花瓣白色，雌蕊高于雄蕊，花柱3裂，分裂位置中。

生长特性： 中生种，广东英德一芽三叶期为3月下旬。

生产性能： 适制红茶。抗寒性中等，抗旱性中等。

福萱

Camellia sinensis（L.）O. Kunze cv. *Fuxuan*

来　　源： 从福建引进的无性系。

形态特征： 小乔木型，树姿半开张，分枝密；中叶类，叶长10.0cm、宽5.9cm，叶片中等椭圆形，斜向上着生，叶色深绿色，叶面中，叶身内折，叶基楔形，叶尖渐尖，叶缘波。新梢芽叶浅绿色，茸毛密度中等。花冠直径2.5～3.0cm，花瓣白色雌蕊高于雄蕊，花柱3裂，分裂位置中。

生长特性： 晚生种，广东英德一芽三叶期为4月上旬。新梢芽叶生育力和持嫩性较强，一芽三叶百芽重79.0g。春茶一芽二叶干样约含水浸出物46.8%、氨基酸6.2%、茶多酚15.0%、咖啡碱3.5%。

生产性能： 适制绿茶，制绿茶外形较肥壮、毫尚显，香显、味醇爽。抗寒性中等，抗旱性中等。

观音9号

Camellia sinensis（L.）O. Kunze cv. *Guanyin 9*

来　　源：从福建引进的无性系。

形态特征：小乔木，树姿直立，分枝中等；中叶类，叶长10.4cm、宽4.4cm，叶片窄椭圆形，斜向上着生，叶色深绿色，叶面隆，叶身平，叶基楔形，叶尖渐尖，叶缘波。新梢芽叶浅绿色，茸毛密度中等。花冠直径2.5～3.0cm，花瓣白色，雌蕊高于雄蕊，花柱3裂，分裂位置中。

生长特性：中生种，广东英德一芽三叶期为3月下旬。

生产性能：适制乌龙茶。抗寒性中等，抗旱性中等。

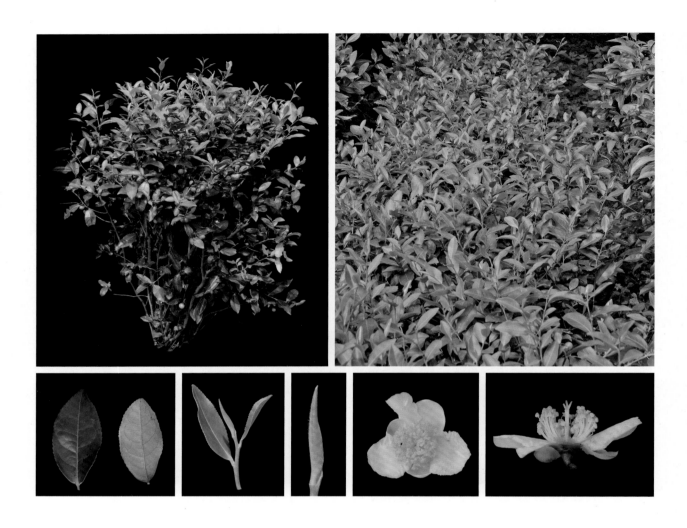

观音18号

Camellia sinensis（L.）O. Kunze cv. *Guanyin 18*

来　　源：从福建引进的无性系。

形态特征：灌木型，树姿半开张，分枝稀；中叶类，叶长10.5cm、宽4.8cm，成熟叶片窄椭圆形，斜向上着生，叶色深绿色，叶面隆，叶身平，叶基楔形，叶尖渐尖，叶缘波。新梢芽叶紫绿色，茸毛密度中等。花瓣白色，花冠直径2.5～3.0cm，雌蕊高于雄蕊，花柱3裂，分裂位置高。

生长特性：中生种，广东英德一芽三叶期为3月下旬。

生产性能：适制乌龙茶。抗寒性中等，抗旱性中等。

茗科1号

Camellia sinensis（L.）O. Kunze cv. *Mingke 1*

来　　源：由福建省农业科学院茶叶研究所以铁观音为母本、黄棪为父本，采用杂交育种法育成的无性系，审定编号国审茶2002017，又名"金观音"。

形态特征：灌木型，树姿半开张，分枝中等；中叶类，叶长10.8cm、宽4.6cm，叶片中等椭圆形，斜向上着生，叶色深绿色，叶面隆，叶身平，叶基楔形，叶尖渐尖，叶缘波。新梢芽叶紫绿色，茸毛稀。花冠直径2.5～3.0cm，花瓣白色，雌蕊高于雄蕊，花柱3裂，分裂位置中。

生长特性：中生种，广东英德一芽三叶期为3月下旬。一芽三叶百芽重50.0g。春茶一芽二叶干样约含水浸出物45.6%、氨基酸4.4%、茶多酚19.0%、咖啡碱3.8%。

生产性能：每667m²可产干茶200kg以上。适制绿茶和乌龙茶，适制乌龙茶，香气馥郁悠长，滋味醇厚回甘，"韵味"显，具有铁观音的香味特征，制优率高。抗寒性中等，抗旱性中等。

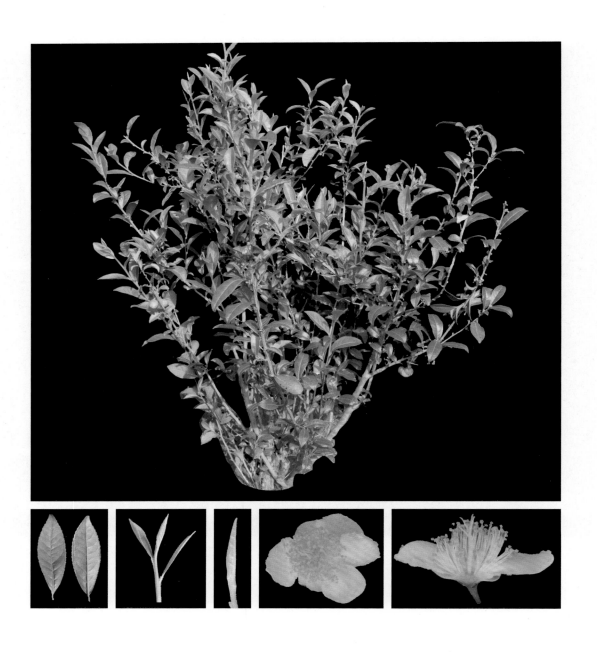

金桂观音

Camellia sinensis（L.）O. Kunze cv. *Jingui Guanyin*

来　　源：由福建省农业科学院茶叶研究所选育的无性系。

形态特征：灌木型，树姿直立，分枝稀；中叶类，叶长9.7cm、宽4.0cm，叶片窄椭圆形，斜向上着生，叶色绿色，叶面隆，叶身平，叶基楔形，叶尖钝，叶缘波。新梢芽叶紫绿色，茸毛稀。花冠直径2.5～3.0cm，花瓣白色，雌蕊高于雄蕊，花柱3裂，分裂位置高。

生长特性：中生种，广东英德一芽三叶期为3月下旬。

生产性能：每667m²可产干茶160kg。适制乌龙茶，香气馥郁芬芳，滋味醇厚甘鲜，汤色金黄明亮。抗寒性强，抗旱性强。

金玫瑰

Camellia sinensis（L.）O. Kunze cv. *Jinmeigui*

来　　源：由福建省农业科学院茶叶研究所选育的无性系。

形态特征：灌木型，树姿半开张，分枝稀；中叶类，叶长9.6cm、宽4.6cm，叶片窄椭圆形，斜向上着生，叶色深绿色，叶面隆，叶身内折，叶基楔形，叶尖渐尖，叶缘波。新梢芽叶黄绿色，茸毛密度中等。花冠直径2.0～2.5cm，花瓣白色，雌蕊高于雄蕊，花柱3裂，分裂位置高。

生长特性：中生种，广东英德一芽三叶期为3月下旬。新梢芽叶生育力和持嫩性较强，一芽三叶百芽重78.0g。春茶一芽二叶干样约含氨基酸2.8%、茶多酚28.5%、咖啡碱4.4%。

生产性能：每667m²可产干茶150kg。制乌龙茶，品质优异，条索紧结重实，香气馥郁幽长，滋味醇厚回甘。抗寒性中等，抗旱性中等。

其他省份引进资源

305

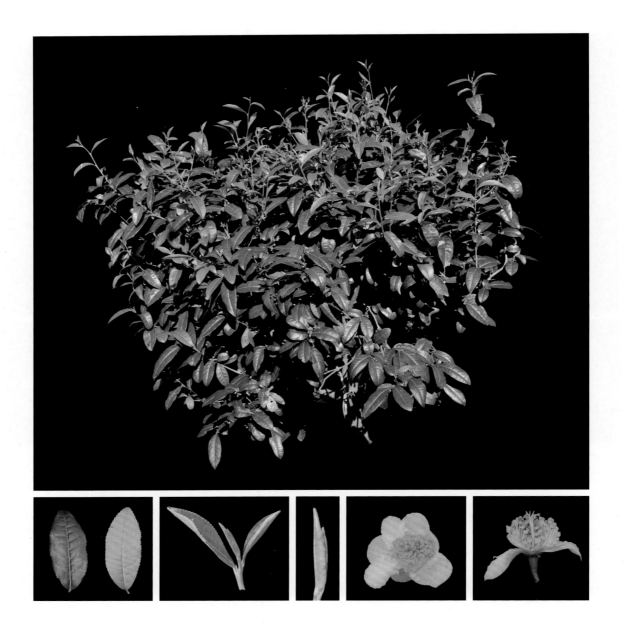

金锁匙

Camellia sinensis（L.）O. Kunze cv. Jinsuoshi

来　　源： 原产于福建省武夷山武夷宫山前村的无性系。

形态特征： 灌木型，树姿半开张，分枝密；中叶类，叶长9.4cm、宽4.0cm，叶片椭圆形，斜向上着生，叶色绿色，叶面微隆，叶身稍背卷，叶基钝，叶尖钝尖，叶缘微波。新梢芽叶紫绿色，茸毛稀。花冠直径3.0～4.0cm，花瓣白色，雌蕊高于雄蕊，花柱3裂，分裂位置中。

生长特性： 中生种，广东英德一芽三叶期为3月下旬。春茶一芽二叶干样约含氨基酸2.4%、茶多酚32.4%、咖啡碱3.6%。

生产性能： 每667m²可产干茶200kg。适制乌龙茶，条索紧实，色泽褐润，香气高强芬芳，滋味醇厚回甘，"岩韵"尽显。抗寒性中等，抗旱性中等。

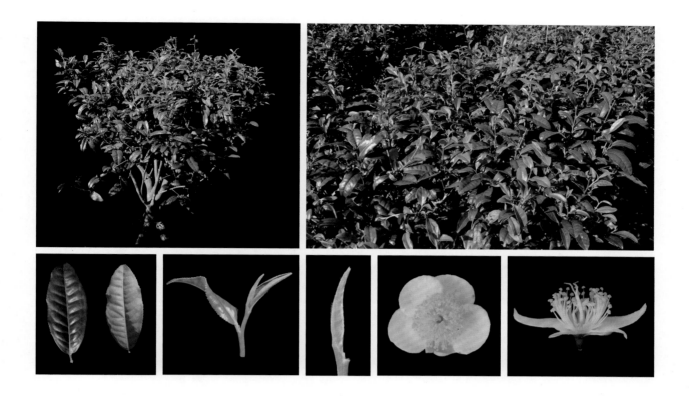

茗科3号

Camellia sinensis（L.）O. Kunze cv. *Mingke 3*

来　　源：由福建省农业科学院茶叶研究所选育的无性系。

形态特征：灌木型，树姿半开张，分枝中等；中叶类，叶长9.6cm、宽4.1cm，叶片窄椭圆形，斜向上着生，叶色深绿色，叶面隆，叶身背卷，叶基楔形，叶尖渐尖，叶缘波。新梢芽叶绿色，茸毛密度中等。花冠直径3.5～4.0cm，花瓣白色，雌蕊高于雄蕊，花柱3裂，分裂位置中。

生长特性：中生种，广东英德一芽三叶期为3月下旬。

生产性能：适制乌龙茶。抗寒性中等，抗旱性中等。

茗科4号

Camellia sinensis（L.）O. Kunze cv. *Mingke 4*

来　　源：从福建引进的无性系。

形态特征：灌木型，树姿半开张，分枝密；中叶类，叶长10.6cm、宽4.6cm，叶片中等椭圆形，斜向上着生，叶色深绿色，叶面隆，叶身内折，叶基钝，叶尖钝，叶缘波。新梢芽叶黄绿色，茸毛稀。花冠直径3.0～4.0cm，花瓣白色，雌蕊高于雄蕊，花柱3裂，分裂位置高。

生长特性：中生种，广东英德一芽三叶期为3月下旬。

生产性能：适制乌龙茶。抗寒性中等，抗旱性中等。

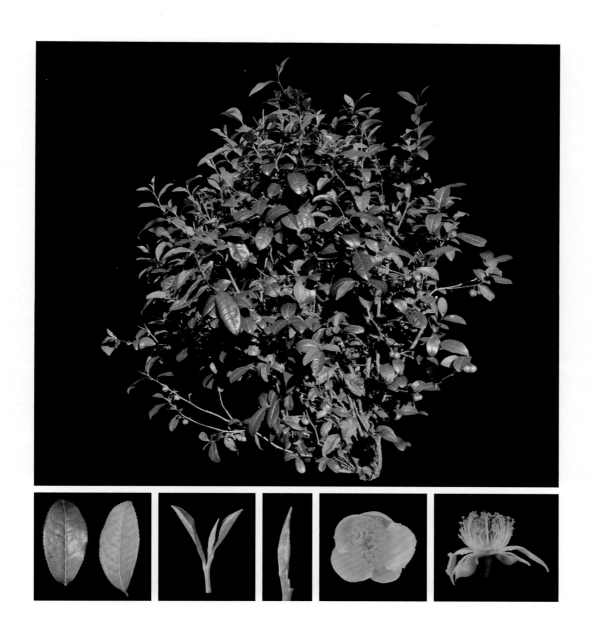

武夷金桂

Camellia sinensis（L.）*O. Kunze cv. Wuyi Jingui*

来　　源：从福建引进的无性系。

形态特征：灌木型，树姿开张，分枝中等；中叶类，叶长9.6cm、宽4.1cm，叶片阔椭圆形，斜向上着生，叶色深绿色，叶面隆，叶身平，叶基钝，叶尖钝，叶缘微波。新梢芽叶黄绿色，茸毛密度中等。花冠直径3.0~4.0cm，花瓣白色，雌蕊与雄蕊等高，花柱3裂，分裂位置中。

生长特性：中生种，广东英德一芽三叶期为3月下旬。新梢芽叶生育力和持嫩性较强一芽三叶百芽重164.0g。春茶一芽二叶干样约含氨基酸4.7%、茶多酚27.4%、咖啡碱3.5%。

生产性能：每667m²可产干茶130kg。制乌龙茶，品质优异，条索肥壮，紧结重实，色泽绿褐润，香气浓郁幽长似桂花香，滋味醇厚甜爽，"岩韵"尽显。抗寒性中等，抗旱性中等。

玉翠

Camellia sinensis（L.）*O. Kunze cv. Yucui*

来　　源： 从福建引进的无性系。

形态特征： 灌木型，树姿半开张，分枝稀；中叶类，叶长9.8cm、宽4.4cm，叶片窄椭圆形，斜向上着生，叶色深绿色，叶面隆起，叶身平，叶基楔形，叶尖渐尖，叶缘微波。新梢芽叶绿色，茸毛密度中等。花冠直径3.0～4.0cm，花瓣白色，雌蕊高于雄蕊，花柱3裂，分裂位置中。

生长特性： 中生种，广东英德一芽三叶期为3月下旬。

生产性能： 适制绿茶、红茶、白茶。制绿茶毫显，汤色绿明亮，香气高、带花香，滋味鲜醇，叶底较肥嫩；制红茶毫显，汤色较红艳，甜香较显、味较甜醇；制白茶毫较显，甜香较显，味甜醇、甘爽。抗寒性中等，抗旱性中等。

早玫瑰

Camellia sinensis（L.）O. Kunze cv. *Zaomeigui*

来　　源：从福建引进的无性系。

形态特征：灌木型，树姿直立，分枝密；大叶类，叶长11.8cm、宽4.8cm，叶片阔椭圆形，斜向上着生，叶色深绿色，叶面隆起，叶身背卷，叶基楔形，叶尖钝，叶缘波。新梢芽叶浅绿色，茸毛稀。花冠直径3.0～4.0cm，花瓣白色，雌蕊高于雄蕊，花柱3裂，分裂位置高。

生长特性：中生种，广东英德一芽三叶期为3月下旬。

生产性能：适制乌龙茶。抗寒性中等，抗旱性中等。

奇曲

Camellia sinensis（L.）O. Kuntze cv. *Qiqu*

来　　源： 从福建武夷山茶树群体引进。

形态特征： 灌木型，树姿开张，分枝稀，枝条呈"之"字形；中叶类，叶长9.2cm、宽3.9cm，叶片窄椭圆形，斜向上着生，叶色深绿色，叶面隆起，叶身内折，叶基楔形，叶尖渐尖，叶缘平。新梢芽叶黄绿色，茸毛密度中等。花冠直径3.5～4.0cm，花瓣白色，雌蕊高于雄蕊，花柱3裂，分裂位置高。

生长特性： 中生种，广东英德产地一芽三叶期为2月下旬。生长势强。芽头密度较稀。

生产性能： 适制乌龙茶。适应性和抗逆性较强。

八仙茶

Camellia sinensis（L.）O. Kuntze cv. *Baxiancha*

来　　源：曾用名"汀洋大叶黄棪"，由福建省诏安县科学技术委员会从诏安县秀篆镇寨坪村群体中采用单株育种法育成，审定编号GS 13012-1994。

形态特征：小乔木型，植株高大，树姿半开张，分枝密；中叶类，叶长9.5cm、宽4.1cm，叶片长椭圆形，斜向上着生，叶质薄软，叶色绿色，叶面微隆，叶身平，叶基楔形，叶尖渐尖，叶缘平。新梢芽叶浅绿色，茸毛稀。花冠直径3.5～4.0cm，花瓣白色，雌蕊高于雄蕊，花柱3裂，分裂位置高。

生长特性：中生种，广东英德产地一芽三叶期为3月中旬。生长势强。芽叶生育力强，发芽较密，持嫩性强。一芽三叶百芽重86.0g。春茶一芽二叶干样约含氨基酸1.7%、茶多酚26.2%、儿茶素总量20.8%、咖啡碱4.3%。

生产性能：适制乌龙茶、绿茶、红茶。制乌龙茶，色泽乌绿润，香气清高持久，滋味浓强甘爽；制绿茶、红茶，香高味厚。抗旱性与抗寒性尚强。扦插繁殖力较强，成活率较高。

八仙8号

Camellia sinensis（L.）O. Kuntze cv. Baxian 8

来　　源：从福建八仙茶自然杂交后代群体中选育的无性系。

形态特征：小乔木型，树姿直立，分枝稀；中叶类，叶长9.6cm、宽4.3cm，叶片中等椭圆形，斜向上着生，叶色深绿色，叶面隆起，叶身平，叶基楔形，叶尖渐尖，叶缘波。新梢芽叶黄绿色，茸毛密度中等。花冠直径4.0～4.6cm，花瓣白色，雌蕊高于雄蕊，花柱3裂，分裂位置中。

生长特性：中生种，广东英德一芽三叶期为3月中旬。生长势强。

生产性能：适制乌龙茶。适应性和抗逆性较强。

八仙16号

Camellia sinensis（L.）O. Kuntze cv. *Baxian 16*

来　　源：从福建八仙茶自然杂交后代群体中选育的无性系。

形态特征：小乔木型，树姿开张，分枝密；中叶类，叶长9.8cm、宽4.4cm，叶片中等椭圆形，斜向上着生，叶色深绿色，叶面隆起，叶身平，叶基楔形，叶尖渐尖，叶缘波。新梢芽叶浅绿色，茸毛密度中等。花冠直径4.4～4.8cm，花瓣白色，雌蕊、雄蕊等高，花柱3裂，分裂位置中。

生长特性：中生种，广东英德一芽三叶期为3月中旬。生长势强。

生产性能：适制乌龙茶。适应性和抗逆性较强。

八仙38号

Camellia sinensis（L.）O. Kuntze cv. Baxian 38

来　　源：从福建八仙茶自然杂交后代群体中选育的无性系。

形态特征：小乔木型，树姿开张，分枝密；中叶类，叶长10.4cm、宽4.5cm，叶片中等椭圆形，斜向上着生，叶色深绿色，叶面隆起，叶身平，叶基楔形，叶尖渐尖，叶缘波。新梢芽叶黄绿色，茸毛密度中等。花冠直径平均4.0cm，花瓣白色，雌蕊高于雄蕊，花柱3裂，分裂位置中。

生长特性：中生种，广东英德一芽三叶期为3月中旬。

生产性能：适制乌龙茶。适应性和抗逆性较强。

八仙43号

Camellia sinensis（L.）**O. Kuntze cv. Baxian 43**

来　　源：从福建八仙茶自然杂交后代群体中选育的无性系。

形态特征：小乔木型，树姿开张，分枝中等；中叶类，叶长9.6cm、宽5.0cm，叶片中等椭圆形，斜向上着生，叶色深绿色，叶面隆起，叶身平，叶基楔形，叶尖渐尖，叶缘波。新梢芽叶浅绿色，茸毛密度中等。花冠直径5.0～5.6cm，花瓣白色，雌蕊高于雄蕊，花柱3裂，分裂位置高。

生长特性：中生种，广东英德一芽三叶期为3月中旬。

生产性能：适制乌龙茶。适应性和抗逆性较强。

白云1号

Camellia sinensis（L.）O. Kuntze cv. Baiyun 1

来　　源：从福建的云南大叶种福安有性群体中选育的无性系。

形态特征：小乔木型，树姿半开张，分枝密；中叶类，叶长9.6cm、宽5.0cm，叶片阔椭圆形，斜向上着生，叶色绿色，叶面微隆，叶身内折，叶基楔形，叶尖渐尖，叶缘微波。新梢芽叶绿色，茸毛稀。花冠直径3.5～3.9cm，花瓣白色，雌蕊高于雄蕊，花柱3裂，分裂位置高。

生长特性：晚生种，广东英德一芽三叶期为4月中旬。

生产性能：适制红茶。生长势较强。

广东省茶树种质资源库核心资源图谱

半天妖

Camellia sinensis（L.）O. Kuntze cv. *Bantianyao*

来　　源：也叫"半天夭""半天腰"，从福建引进的优良品种，原产于九龙窠三花峰的半山腰。

形态特征：灌木型，树姿开张，分枝中等；中叶类，叶长10.3cm、宽4.8cm，叶片椭圆形，水平着生，叶色绿色，叶面微隆，叶身平，叶基钝，叶尖钝，叶缘微波。新梢芽叶紫绿色，茸毛稀。花冠直径3.0~3.5cm，花瓣白色，雌蕊高于雄蕊，花柱3裂，分裂位置中。

生长特性：晚生种，广东英德一芽三叶期为4月中旬。

生产性能：适制乌龙茶。为武夷五大名枞之一，成茶香气细腻持久。

本山1号

Camellia sinensis（L.）*O. Kuntze cv. Benshan 1*

来　　源：原产安溪尧阳，从本山种自然杂交后代中选育而成的无性系。

形态特征：灌木型，树姿半开张，分枝密；大叶类，叶长12.6cm、宽5.6cm，叶片窄椭圆形，斜向上着生，叶色绿色，叶面平，叶身平，叶基楔形，叶尖急尖，叶缘平。新梢芽叶绿色，茸毛较密。花冠3.5～4.0cm，花瓣白色，雌蕊与雄蕊等高花柱3裂，分裂位置中。

生长特性：中生种，广东英德一芽三叶期为4月上旬。新梢芽叶生育力强，一芽三叶百芽重75.0g。

生产性能：适制乌龙茶、红茶。抗寒性弱，扦插繁育力强，适宜在华南茶区种植。

政和大白茶

Camellia sinensis（L.）O. Kunze cv. *Zhenghe Dabaicha*

来　　源：原产于政和县铁山乡，审定编号GS 13005-1985。

形态特征：小乔木型，植株高大，树姿直立，分枝稀；大叶类，叶长13.1cm、宽6.1cm，叶片水平着生，椭圆形，叶色深绿，有光泽，叶面隆，叶身平，叶缘微波，叶尖钝尖。新梢芽叶黄绿色，茸毛密。花冠直径3.0cm，子房茸毛中等，花柱3裂。

生长特性：晚生种，广东英德一芽三叶期在4月中旬。新梢芽叶生育力和持嫩性较强，一芽三叶百芽重123.0g。春茶一芽二叶干样约含水浸出物47.8%、氨基酸5.6%、茶多酚14.6%、咖啡碱3.5%。

生产性能：每667m²可产干茶150kg以上。适制红茶、绿茶、白茶。制白茶，外形肥壮，白毫满披。抗寒、抗旱性较强，扦插繁殖力强。

白牡丹

Camellia sinensis（L.）*O. Kunze cv. Baimudan*

来　　源：从福建引进的无性系。

形态特征：灌木型，树姿直立，分枝密；中叶类，叶长9.4cm、宽4.4cm，叶片椭圆形，斜向上着生，叶色绿色，叶面微隆起，叶身平，叶基楔形，叶尖渐尖，叶缘微波。新梢芽叶淡紫绿色，茸毛稀。花冠3.0～3.5cm，花瓣白色，雌蕊与雄蕊等高，花柱3裂，分裂位置高。

生长特性：中生种，广东英德一芽三叶期为4月上旬。新梢芽叶生育力强，一芽三叶百芽重74g。

生产性能：适制红茶、绿茶、乌龙茶。抗寒性弱，扦插繁育力强。

毛蟹

Camellia sinensis（L.）O. Kunze cv. *Maoxie*

来　　源：又名"茗花"，原产福建省安溪县大坪乡福美村，审定编号GS 13006-1985。

形态特征：灌木型，树姿半开张，分枝密；中叶类，叶长9.4cm、宽4.3cm，叶片椭圆形，斜向上着生，叶色深绿，叶面微隆，叶身平，叶基楔形，叶尖渐尖，叶缘微波。新梢芽叶紫绿色，茸毛密。

生长特性：中生种，广东英德一芽三叶期为3月下旬。新梢芽叶生育力强，持嫩性较差，一芽三叶百芽重62.0g。春茶一芽三叶干样约含水浸出物47.8%、氨基酸4.2%、茶多酚16.6%、咖啡碱2.7%。

生产性能：适制绿茶、乌龙茶、红茶。每667m²可产乌龙茶200kg以上。制乌龙茶，香清高，味醇和。制红、绿茶，毫显，香高味厚。抗寒、抗旱性强。扦插繁殖力强。

梅占

Camellia sinensis（L.）O. Kunze cv. *Meizhan*

来　　源：又名"大叶梅占"，原产福建省安溪县芦田镇三洋村，审定编号GS 13004-1985。

形态特征：小乔木型，树姿直立，分枝较密；中叶类，叶长10.5cm、宽4.6cm，叶片长椭圆形，水平着生，叶色深绿色，叶面微隆，叶身内折，叶基楔形，叶尖渐尖，叶缘波。新梢芽叶绿色，茸毛密。

生长特性：中生种，广东英德一芽三叶期为3月下旬。新梢芽叶生育力和持嫩性强，一芽三叶百芽重107.0g。春茶一芽三叶含茶多酚18.5%、氨基酸3.8%、咖啡碱3.5%、水浸出物52.6%。不结实。

生产性能：每667m²产干茶200kg以上。适制绿茶、红茶、乌龙茶。制红茶，香高似兰花香，味厚；制绿茶，香气高锐，滋味浓厚。抗旱、抗寒性较强，扦插繁育力强。

绿芽佛手

Camellia sinensis（L.）O. Kunze cv. *Lvya Foshou*

来　　源：又名"雪梨""香橼种"，原产虎邱镇金榜骑虎岩，认定编号闽认茶1985014。

形态特征：灌木型，树姿开张，分枝稀；大叶类，叶长12.6cm、宽5.8cm，叶片卵圆形，水平或向下着生，叶色绿色，叶面强隆起，叶质厚软，叶身扭曲或背卷，叶基近圆，叶尖钝尖或圆尖，叶缘强波，形似佛手。新梢芽叶绿色，茸毛较稀。花冠直径3.9~4.1cm，花瓣白色，子房茸毛中等，花柱3裂。

生长特性：中生种，广东英德一芽三叶期为3月下旬。新梢芽叶生育力强，持嫩性强，一芽三叶百芽重152.0g。春茶一芽三叶干样约含水浸出物48.8%、氨基酸3.3%、茶多酚20.2%、咖啡碱2.9%。

生产性能：适制乌龙茶、红茶。每667m²可产乌龙茶150kg以上。制乌龙茶，条索肥壮重实，色泽褐黄绿润，香气清高悠长，似雪梨或香橼香。抗旱、抗寒性较强，扦插繁育力较强。

乐冠

Camellia sinensis（L.）O. Kunze cv. *Leguan*

来　　源：由福建省农业科学院茶叶研究所从观音后代变异群体中经系统选育而成的无性系。

形态特征：灌木型，树姿直立，叶片稍上斜状着生；小叶类，叶长6.3cm、宽3.0cm，芽叶黄绿色，芽叶茸毛少，叶形椭圆，叶色黄绿，叶面微隆起，叶缘微波，叶齿中、密度密、深度浅，叶身内折，叶质中，叶尖渐尖，叶基近圆形。新梢芽叶黄色，茸毛较稀。花冠直径3.4~3.8cm，花瓣白色，子房茸毛中等，花柱3裂。

生长特性：中生种，广东广州一芽三叶期为3月中旬。发芽密度中，新梢芽叶持嫩性强。春季一芽二叶干样平均含水浸出率41.4%、氨基酸3.9%、茶多酚20.6%、儿茶素11.0%、咖啡碱3.5%。

生产性能：制乌龙茶。外形乌褐带红，汤色较红艳，香气花香显、清甜，滋味甜醇、厚，汤中香显。产量较高，抗性与适应性较强。

紫观音

Camellia sinensis（L.）O. Kunze cv. *Ziguanyin*

来　　源：铁观音杂交后代经系统选育而成的无性系。

形态特征：小乔木型，树姿半开张，分枝密；中叶类，叶长9.6cm、宽4.9cm，叶片椭圆形，向上着生，叶色绿色，叶面隆起，叶身平，叶尖急尖，叶缘微波。新梢芽叶紫绿色，茸毛较密。

生长特性：中生种，广东广州一芽二叶期为3月中旬。芽叶生育力强，持嫩性较强，一芽三叶百芽重46.0g。

生产性能：适制红茶、乌龙茶，品质优异。抗逆性强，扦插繁育力强。

海南保国1号

Camellia sinensis var. *assamica*（Masters）Kitamura cv. *Hainan Baoguo 1*

来　　源：从海南五指山海南大叶群体中采集的单株。

形态特征：小乔木型，树姿半开张，分枝较密；大叶类，叶长13.6cm、宽6.0cm，叶片阔椭圆形，水斜向上着生，叶色绿色，叶面微隆，叶身内折，叶基楔形，叶尖渐尖，叶缘平。新梢芽叶绿色，茸毛密。

生长特性：早生种，广东广州一芽三叶期为3月上旬。新梢芽叶生育力和持嫩性强。

生产性能：适制红茶。抗寒性差，扦插繁育力强。

海南大叶群体

Camellia sinensis var. *assamica*（Masters）Kitamura cv. *Hainan Daye*

来　　源：从海南五指山海南大叶群体采集种子播植成行。

形态特征：小乔木型，树姿开张，分枝密；大叶类，叶长12.8cm、宽5.8cm，叶片阔椭圆形，斜向上着生，叶色绿色，叶面隆，叶身内折，叶基楔形，叶尖渐尖，叶缘微波。新梢芽叶绿色，茸毛密。

生长特性：中生种，广东英德一芽三叶期为3月下旬。新梢芽叶生育力和持嫩性强，一芽三叶百芽重134.0g。

生产性能：适制红茶。抗寒性差，扦插繁育力强。

妙干1

Camellia sinensis var. *assamica*（Masters）Kitamura cv. *Miaogan 1*

来　　源：从海南五指山海南大叶群体中采集的单株。

形态特征：小乔木型，树姿半开张，分枝中等；大叶类，叶长12.9cm、宽5.8cm，叶片长椭圆形，水平着生，叶色绿色，叶质柔软光滑，叶面微隆，叶身内折，叶基楔形，叶尖渐尖，叶缘平。新梢芽叶黄绿色，茸毛稀。

生长特性：中生种，广东广州一芽三叶期为3月下旬。生长势强。新梢芽叶持嫩性强。

生产性能：适制红茶。抗寒性差。

妙干2

Camellia sinensis var. *assamica*（Masters）Kitamura cv. *Miaogan 2*

来　　源：从海南五指山海南大叶群体中采集的单株。

形态特征：小乔木型，树姿半开张，分枝密；大叶类，叶长13.6cm、宽6.2cm，叶片长椭圆形，斜向上着生，叶色绿色，叶质柔软光滑，叶面微隆，叶身平，叶基楔形，叶尖渐尖，叶缘波。新梢芽叶黄绿色，茸毛稀。

生长特性：中生种，广东广州一芽三叶期为3月下旬。生长势强。新梢芽叶生育力和持嫩性强。

生产性能：适制红茶。抗寒性差。

妙干10

Camellia sinensis var. *assamica*（Masters）Kitamura cv. *Miaogan 10*

来　　源：从海南五指山海南大叶群体中采集的单株。

形态特征：小乔木型，树姿开张，分枝密；大叶类，叶长12.8cm、宽5.8cm，叶椭圆形，斜向上着生，叶色绿色，叶质柔软光滑，叶面隆，叶身平，叶基楔形，叶尖渐尖，叶缘微波。新梢芽叶黄绿色，茸毛密度中等。

生长特性：中生种，广东广州一芽三叶期为3月中旬。生长势强。新梢芽叶生育力和持嫩性强。

生产性能：适制红茶。抗寒性差。

妙红1

Camellia sinensis var. *assamica*（Masters）Kitamura cv. *Miaohong 1*

来　　源：从海南五指山海南大叶群体中采集的单株。

形态特征：小乔木型，树姿半开张，分枝中等；大叶类，叶长14.7cm、宽6.5cm，叶片椭圆形，斜向
　　　　　上着生，叶色绿色，叶质柔软光滑，叶面平，叶身内折，叶基楔形，叶尖渐尖，叶缘波。
　　　　　新梢芽叶黄绿色，茸毛无。

生长特性：中生种，广东广州一芽三叶期为4月上旬。生长势强。新梢芽叶生育力和持嫩性强。

生产性能：适制红茶。抗寒性差。

妙红8

Camellia sinensis var. *assamica*（Masters）Kitamura cv. *Miaohong 8*

来　　源：从海南五指山海南大叶群体中采集的单株。

形态特征：小乔木型，树姿半开张，分枝稀；大叶类，叶长13.7cm、宽6.2cm，叶片椭圆形，斜向上着生，叶色绿色，叶质柔软光滑，叶面微隆，叶身平，叶基楔形，叶尖渐尖，叶缘波。新梢芽叶黄绿色，茸毛稀。

生长特性：中生种，广东广州一芽三叶期为3月中旬。生长势强。新梢芽叶生育力和持嫩性强。

生产性能：适制红茶。抗寒性差。

妙仁9

Camellia sinensis var. *assamica*（Masters）Kitamura cv. *Miaoren 9*

来　　源：从海南五指山海南大叶群体中采集的单株。

形态特征：小乔木型，树姿开张，分枝中等；大叶类，叶长13.6cm、宽5.9cm，叶片椭圆形，斜向上着生，叶色绿色，叶质柔软光滑，叶面平，叶身内折，叶基钝，叶尖渐尖，叶缘平。新梢芽叶黄绿色，茸毛稀。

生长特性：中生种，广东广州一芽三叶期为3月中旬。生长势强。新梢芽叶生育力和持嫩性强。

生产性能：适制红茶。抗寒性差。

妙仁14

Camellia sinensis var. assamica（Masters）Kitamura cv. Miaoren 14

来　　源：从海南五指山海南大叶群体中采集的单株。

形态特征：小乔木型，树姿开张，分枝稀；大叶类，叶长12.8cm、宽6.1cm，叶片椭圆形，斜向上着生，叶色绿色，叶质柔软光滑，叶面隆，叶身内折，叶基楔形，叶尖渐尖，叶缘平。新梢芽叶黄绿色，茸毛稀。

生长特性：中生种，广东广州一芽三叶期为3月下旬。生长势强。新梢芽叶生育力和持嫩性强。

生产性能：适制红茶。抗寒性差。

妙仁19

Camellia sinensis var. *assamica*（Masters）Kitamura cv. *Miaoren 19*

来　　源：从海南五指山海南大叶群体中采集的单株。

形态特征：小乔木型，树姿半开张，分枝中等；大叶类，叶长13.9cm、宽5.8cm，叶片长椭圆形，水平着生，叶色绿色，叶质柔软光滑，叶面平，叶身内折，叶基楔形，叶尖渐尖，叶缘波。新梢芽叶黄绿色，茸毛稀。

生长特性：中生种，广东广州一芽三叶期为3月中旬。生长势强。新梢芽叶生育力和持嫩性强。

生产性能：适制红茶。抗寒性差。

安吉白茶

Camellia sinensis（L.）*O. Kunze cv. Anji Baicha*

来　　源：又名"白叶1号"，原产浙江省安吉县山河乡大溪村，系自然突变而成。1998年通过浙江省茶树良种审定小组认定，编号浙品认字第235号。

形态特征：灌木型，树姿半开张，分枝中等；中叶类，叶长9.4cm、宽4.2cm，叶片长椭圆形，斜向上着生，叶色绿色，叶面微隆，叶身平，叶基楔形，叶尖急尖，叶缘平。新梢芽叶绿色，茸毛密。

生长特性：中生种，广东英德一芽三叶期为3月中旬。新梢芽叶持嫩性较强。春季幼嫩新梢芽叶呈玉白色，叶脉淡绿色，随着叶片成熟和气温升高逐渐转变为浅绿色。

生产性能：制绿茶，色泽翠绿，白毫显露，香气似花香，滋味鲜爽。一芽三叶百芽重40.5g。抗性较弱，扦插成活率高。已在浙江、江苏、江西、安徽、湖北、湖南等地大面积栽培。

劲峰

Camellia sinensis（L.）O. Kuntze cv. *Jinfeng*

来　　源：杭州市农业科学院茶叶研究所从福鼎大白茶和云南大叶种自然杂交后代中采用单株选育法育成的无性系，审定编号GS 13043-1987。

形态特征：小乔木型，树姿半开张，分枝中等；中叶类，叶长9.4cm、宽4.3cm，叶片椭圆形，水平着生，叶色绿色，叶面平，叶身平，叶基楔形，叶尖急尖，叶缘平。新梢芽叶绿色，茸毛密。花冠3.0~3.5cm，花瓣白色，雌蕊高于雄蕊，花柱3裂，分裂位置高。

生长特性：中生种，广东英德一芽三叶期为3月下旬。新梢芽叶生育力和持嫩性较强，一芽三叶百芽重46.0g。春茶一芽二叶干样约含水浸出物46.4%、氨基酸4.7%、茶多酚18.4%、咖啡碱3.5%。

生产性能：适制红茶、绿茶。每667m²可产干茶250kg以上。制红茶乌润有毫，高味浓厚；制绿茶，绿润显毫，香高味浓。抗旱性强，抗寒性较强。

碧云

Camellia sinensis（L.）O. Kunze cv. *Biyun*

来　　源：中国农业科学院茶叶研究所从平阳群体种和云南大叶种自然杂交后代中采用单株选育法育成的无性系，审定编号GS 13044-1987。

形态特征：小乔木型，植株较高大，树姿直立，分枝中等；中叶类，叶长9.9cm、宽4.3cm，长椭圆形，叶片斜向上着生，叶色绿，叶面隆起，叶身平，叶缘微波，叶尖钝尖。新梢芽叶绿色，茸毛较稀。花冠直径3.2～3.6cm，花瓣白色，雌蕊与雄蕊等高，花柱3裂，分裂位置中。

生长特性：晚生种，广东英德一芽三叶期在4月中旬。新梢芽叶生育力和持嫩性较强，一芽三叶百芽重53.5g。春茶一芽二叶干样约含水浸出物47.9%、氨基酸5.5%、茶多酚11.8%、咖啡碱2.9%。

生产性能：适制绿茶。每667m²可产干茶200kg以上。制绿茶，外形细紧，色泽翠绿，香气高爽纯正，滋味鲜醇。抗旱性强，抗寒性较强。

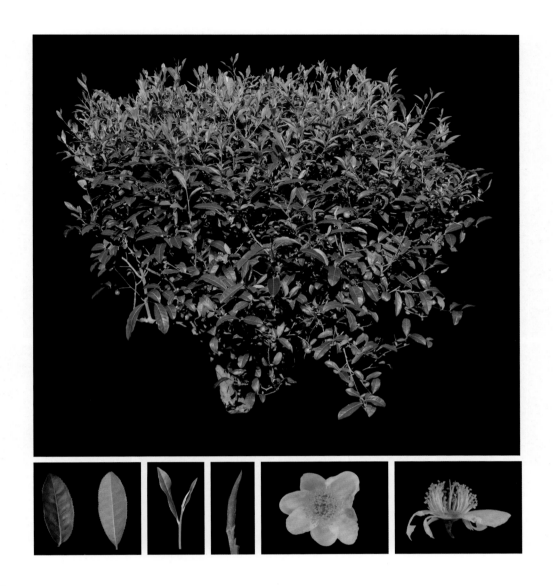

翠峰

Camellia sinensis（L.）*O. Kunze cv. Cuifeng*

来　　源：杭州市农业科学院茶叶研究所从福鼎大白茶和云南大叶种自然杂交后代中采用单株选育法育成的无性系，审定编号GS 13042-1987。

形态特征：小乔木型，植株较高大，树姿半开张，分枝较密；中叶类，叶长9.6cm、宽4.4cm，叶片长椭圆形，斜向上着生，叶色深绿，叶面微隆，叶身内折，叶缘波，叶尖渐尖。新梢芽叶绿色，茸毛密。花冠直径3.2～3.6cm，花瓣白色，雌蕊与雄蕊等高，花柱3裂，分裂位置中。

生长特性：晚生种，广东英德一芽三叶期在4月中旬。新梢芽叶生育力和持嫩性较强，一芽三叶百芽重46.0g。春茶一芽二叶干样约含水浸出物46.4%、氨基酸6.4%、茶多酚18.0%、咖啡碱3.5%。

生产性能：适制绿茶。每667m²可产干茶300kg以上。制绿茶，绿润有毫，香高味鲜。抗旱性强，抗寒性较强。

青峰

Camellia sinensis（L.）O. Kunze cv. *Qingfeng*

来　　源： 杭州市农业科学院茶叶研究所从福云种有性后代中采用单株选育法育成的无性系，审定编号GS 13010-1994。

形态特征： 小乔木型，植株适中，树姿开张，分枝中等；中叶类，叶长10.3cm、宽4.8cm，叶片阔椭圆形，斜向上着生，叶色绿，叶面微隆，叶身内折，叶缘波，叶尖渐尖。新梢芽叶绿色，茸毛密。花冠直径2.2～3.5cm，花瓣白色，雌蕊与雄蕊等高，花柱3裂，分裂位置高。

生长特性： 晚生种，广东英德一芽三叶期在4月中旬。新梢芽叶生育力和持嫩性较强，一芽三叶百芽重51.0g。春茶一芽二叶干样约含水浸出物44.2%、氨基酸5%、茶多酚16.4%、咖啡碱3.6%。

生产性能： 适制绿茶。每667m²可产干茶250kg以上。制绿茶，条绿翠显毫，香高似粉香，味浓醇。抗旱性强，抗寒性较强。

黄金芽

Camellia sinensis（L.）**O. Kunze cv. *Huangjinya***

来　　源：浙江省余姚市三七市镇德氏家茶场、余姚市林特科技推广总站、宁波市林特科技推广总站、浙江大学茶叶研究所从当体品种茶树群体自然变异枝条多代提纯而成的光照敏感型新梢白化变异体无性系，审定编号浙R-SV-CS-010-2008。

形态特征：灌木型，植株中等，树姿半开张，分枝中等；中叶类，叶长7.6cm、宽3.7cm，叶片披针形，斜向上着生，叶色浅绿，叶面平，叶身平，叶缘平，叶尖渐尖。新梢芽叶黄白色，茸毛密。花冠直径3.5~4.0cm，花瓣白色，雌蕊高于雄蕊，花柱3裂，分裂位置中。

生长特性：中生种，广东英德一芽三叶期在3月下旬。新梢芽叶生育力和持嫩性较强，一芽三叶百芽重24.9g。春茶一芽二叶干样约含水浸出物48.4%、氨基酸4.0%、茶多酚23.4%、咖啡碱2.6%。

生产性能：适制绿茶。每667m²可产干茶200kg以上。制绿茶，香气浓郁有瓜果韵、持久悠长，滋味醇糯鲜。抗旱性强，抗寒性较强。

菊花春

Camellia sinensis（L.）O. Kunze cv. *Juhuachun*

来　　源：中国农业科学院茶叶研究所从云南大叶茶与平阳群体自然杂交后代中采用单株选育法育成的无性系，审定编号GS 13052-1987。

形态特征：灌木型，植株中等，树姿半开张，分枝密；中叶类，叶长8.8cm、宽4.3cm，叶片椭圆形，斜向上着生，叶色黄绿，叶面微隆，叶身背卷，叶缘微波，叶尖钝尖。新梢芽叶黄绿色，茸毛密。花冠直径4.0～4.5cm，花瓣白色，雌蕊与雄蕊等高，花柱3裂，分裂位置高。

生长特性：晚生种，广东英德一芽三叶期在4月中旬。新梢芽叶生育力和持嫩性较强，一芽三叶百芽重52.5g。春茶一芽二叶干样约含水浸出物53.9%、氨基酸3.5%、茶多酚17.9%、咖啡碱2.6%。

生产性能：适制绿茶和红茶。每667m²可产干茶250kg以上。制绿茶，外形嫩绿显毫，香气鲜浓，滋味鲜醇；制红茶，香气清爽，滋味较浓。抗旱性强，抗寒性较强。

龙井43

Camellia sinensis（L.）*O. Kunze cv. Longjing 43*

来　　源：中国农业科学院茶叶研究所从龙井群体中采用单株选育法育成的无性系，审定编号GS
　　　　　13037-1987。

形态特征：灌木型，植株中等，树姿半开张，分枝密；中叶类，叶长9.4cm、宽4.1cm，叶片椭圆形，
　　　　　斜向上着生，叶色深绿，叶面平，叶身背卷，叶缘微波，叶尖渐尖。新梢芽叶黄绿色，茸
　　　　　毛稀。花冠直径3.0～3.5cm，花瓣白色，雌蕊高于雄蕊，花柱3裂，分裂位置中。

生长特性：中生种，广东英德一芽三叶期在3月下旬。新梢芽叶生育力和持嫩性较强，一芽三叶百芽
　　　　　重44.6g。春茶一芽二叶干样约含水浸出物51.3%、氨基酸4.4%、茶多酚15.3%、咖啡碱
　　　　　2.8%。

生产性能：适制绿茶。每667m²可产干茶200kg以上。制绿茶，外形色泽嫩绿、香气清高，滋味甘醇爽
　　　　　口，叶底嫩黄成朵。抗旱性强，抗寒性较强。

龙井长叶

Camellia sinensis（L.）*O. Kunze cv. Longjing Changye*

来　　源：中国农业科学院茶叶研究所从龙井群体中采用单株选育法育成的无性系，审定编号GS 13008-1994。

形态特征：灌木型，植株中等，树姿直立，分枝较密；中叶类，叶长10.8cm、宽4.3cm，叶片长椭圆形，水平着生，叶色绿，叶面微隆，叶身平，叶缘波，叶尖钝尖。新梢芽叶淡绿色，茸毛密度中等。花冠直径3.0~3.3cm，花瓣白色，雌蕊高于雄蕊，花柱3裂，分类位置中。

生长特性：中生种，广东英德一芽三叶期3月下旬。新梢芽叶生育力和持嫩性较强，一芽三叶百芽重71.5g。春茶一芽二叶干样约含水浸出物51.1%、氨基酸5.8%、茶多酚10.7%、咖啡碱2.4%。

生产性能：适制绿茶。每667m²可产干茶200kg以上。制绿茶，外形色泽嫩绿、香气清高，滋味甘醇爽口，叶底嫩黄成朵。抗旱性强，抗寒性较强。

迎霜

Camellia sinensis（L.）O. Kunze cv. *Yingshuang*

来　　源： 杭州市农业科学研究院茶叶研究所从福鼎大白茶和云南大叶种自然杂交后代中采用单株选育法育成的无性系，审定编号GS 13041-1987。

形态特征： 小乔木型，植株较高大，树姿直立，分枝中等；中叶类，叶长10.4cm、宽4.6cm，叶片椭圆形，斜向上着生，叶色黄绿，叶面微隆，叶身内折，叶缘波，叶尖渐尖。新梢芽叶黄绿色，茸毛密度中等。花冠直径2.6～3.2cm，花瓣白色，雌蕊与雄蕊等高，花柱3裂，分裂位置中。

生长特性： 中生种，广东英德一芽三叶期在3月下旬。新梢芽叶生育力和持嫩性较强，一芽三叶百芽重45.0g。春茶一芽二叶干样约含水浸出物44.8%、氨基酸5.4%、茶多酚18.1%、咖啡碱3.4%。

生产性能： 适制绿茶。每667m²可产干茶280kg以上。制绿茶，条索细紧，色嫩绿尚润，香高鲜持久，味浓鲜。抗旱性强，抗寒性较强。

藤茶

Camellia sinensis（L.）O. Kunze cv. *Tengcha*

来　　源：原产浙江省临海市兰田乡，茶农单株选育而成的无性系，审定编号浙品认字第078号。

形态特征：灌木型，植株中等，树姿半开张，分枝稠密；中叶类，叶长9.8cm、宽4.4cm，叶片披针形，斜向上着生，叶色绿，叶面微隆，叶身内折，叶缘微波，叶尖钝尖。新梢芽叶绿色，茸毛稀。花冠直径2.8～3.5cm，花瓣白色，雌蕊与雄蕊等高，花柱3裂，分裂位置高。

生长特性：晚生种，广东英德一芽三叶期在4月上旬。新梢芽叶生育力和持嫩性较强，一芽三叶百芽重43.5g。春茶一芽二叶干样约含水浸出物49.7%、氨基酸4.0%、茶多酚12.1%、咖啡碱2.3%。

生产性能：适制绿茶。每667m²可产干茶170kg以上。制绿茶，条索细紧，色嫩绿尚润，香高鲜持久，味浓鲜。抗旱性强，抗寒性较强。

浙农12

Camellia sinensis（L.）O. Kunze cv. Zhenong 12

来　源：浙江大学茶叶研究所从福鼎大白茶与云南大叶种自然杂交后代中采用单株育种法选育而成的无性系，审定编号GS 13045-1987。

形态特征：小乔木型，植株高大，树姿半开张，分枝中等；中叶类，叶长9.4cm、宽4.9cm，叶片椭圆形，斜向上着生，叶色绿，叶面隆，叶身平，叶缘微波，叶尖渐尖。新梢芽叶绿色，茸毛特密。花冠直径3.6～4.5cm，花瓣白色，雌蕊与雄蕊等高，花柱3裂，分裂位置低。

生长特性：晚生种，广东英德一芽三叶期在4月上旬。新梢芽叶生育力和持嫩性较强，一芽三叶百芽重68.0g。春茶一芽二叶干样约含水浸出物45.6%、氨基酸4.6%、茶多酚14.6%、咖啡碱2.3%。

生产性能：每667m²可产干茶150kg以上。适制绿茶。制绿茶，绿翠多毫，香高持久，滋味浓鲜。抗旱性强，抗寒性较强。

浙农21

Camellia sinensis*（L.）O. Kunze cv. *Zhenong 21

来　　源：浙江大学茶叶研究所从平阳云南大叶种有性后代中采用单株育种法育成的无性系，审定编号国审茶2002012。

形态特征：小乔木型，植株中等，树姿开张，分枝中等；中叶类，叶长10.8cm、宽4.3cm，叶片椭圆形，水平着生，叶色深绿，叶面微隆，叶身平，叶缘微波，叶尖急尖。新梢芽叶绿色，茸毛密。花冠直径3.7～4.8cm，花瓣白色，花柱3裂。

生长特性：晚生种，广东英德一芽三叶期在4月上旬。新梢芽叶生育力和持嫩性较强，一芽三叶百芽重104.0g。春茶一芽二叶干样约含水浸出物45.8%、氨基酸4.6%、茶多酚11.0%、咖啡碱2.6%。

生产性能：适制红茶、绿茶。每667m²可产干茶180kg以上。制红茶，味浓强，具花香；制绿茶香高味浓，味浓鲜。抗旱性强，抗寒性较强。

浙农113

Camellia sinensis（L.）*O. Kunze cv. Zhenong 113*

来　　源：浙江大学茶叶研究所从福鼎大白茶与云南大叶种自然杂交后代中采用单株育种法育成的无性系，编号GS 13009-1994。

形态特征：小乔木型，树姿半开张，分枝较密；中叶类，叶长10.4cm、宽4.5cm，叶片椭圆形，水平着生，叶色深绿色，叶面隆，叶身平，叶基楔形，叶尖渐尖，叶缘微波。新梢芽叶黄绿色，茸毛密。花冠直径3.0～3.5cm。花瓣白色，雌蕊与雄蕊等高，花柱3裂，分裂位置高。

生长特性：中生种。广东英德一芽三叶期为3月下旬。一芽三叶百芽重96.0g。春茶一芽二叶干样约含水浸出物47.4%、氨基酸3.7%、茶多酚21.6%、咖啡碱2.9%。

生产性能：适制绿茶。每667m²可产干茶200kg。制绿茶。外形紧细，纤秀有毫，色泽绿润，香高持久，滋味浓鲜爽口。抗逆性强，扦插繁育力较强。

黄叶早

Camellia sinensis（L.）O. Kunze cv. *Huangyezao*

来　　源： 原产浙江省温州市茶山镇，审定编号浙品认字第152号。

形态特征： 灌木型，树姿直立，分枝较密；中叶类，叶长9.4cm、宽4.2cm，叶片椭圆形，斜向上着生，叶色绿色，叶面平，叶身内折，叶基楔形，叶尖渐尖，叶缘平。新梢芽叶黄绿色，茸毛稀。花冠3.0～3.5cm，花瓣白色，雌蕊与雄蕊等高，花柱3裂，分裂位置中。

生长特性： 中生种，广东英德一芽三叶期为3月下旬。新梢芽叶生育力强，持嫩性中等，一芽三叶百芽重66.0g。春茶一芽二叶干样约含水浸出物49.8%、氨基酸4.1%、茶多酚15.6%、咖啡碱2.5%。

生产性能： 每667m²可产干茶150kg。适制绿茶。抗寒、抗旱性均强，扦插成活率中等。

中黄2号

Camellia sinensis（L.）O. Kunze cv. *Zhonghuang 2*

来　　源：由中国农业科学院茶叶研究所、缙云县农业局、缙云县上湖茶叶合作社从浙江缙云当地茶树群体种的自然黄化突变体经系统选育而成，审定编号浙（非）审茶2015001。

形态特征：灌木型，树姿直立；中叶类，叶长8.9cm、宽4.9cm。春季新梢葵花黄色，颜色鲜亮，夏茶芽叶为绿色，秋茶新梢呈黄色，成熟叶及树冠下部和内部叶片均呈绿色。新梢芽叶茸毛稀。花冠3.0～3.5cm，花瓣白色。

生长特性：中生种，广东英德一芽三叶期为3月中旬。育芽能力较强，发芽密度较大，持嫩性强。春茶一芽二叶含氨基酸6.8%～8.3%、茶多酚12.4%～15.9%、咖啡碱2.8%～2.9%、水浸出物42.1%～46.4%。

生产性能：适制绿茶。制成的茶叶，外形金黄透绿，汤色嫩绿明亮、透金黄，清香，滋味嫩鲜，叶底嫩黄鲜活，特色明显，品质优异。克服了一般黄化或白化品种适应性差、抗逆力弱的缺陷，耐寒性及耐旱性强。

平阳早

Camellia sinensis（L.）*O. Kunze cv. Pingyangzao*

来　　源：原产浙江省平阳县敖江大坪村，浙江省平阳县农业局从当地群体种中采用单株育种法育成的无性系，审定编号浙品认字第236号。

形态特征：小乔木型，树姿半开张，分枝较密；中叶类，叶长10.6cm、宽4.5cm，叶片椭圆形，向上着生，叶色深绿色，叶面微隆，叶身稍内折，叶尖钝尖，叶缘平。新梢芽叶绿色，茸毛密。花冠4.0～4.5cm，花瓣白色，花柱3裂。

生长特性：早生种，广东广州一芽二叶期为3月上旬。芽叶生育力强，持嫩性较强，一芽三叶百芽重47.6g。春茶一芽二叶干样约含水浸出物54.6%、氨基酸4.4%、茶多酚18.6%、咖啡碱2.5%。

生产性能：每667m²可产干茶200kg。适制绿茶。制绿茶，条索扁平光滑挺直、色翠，香气高香持久带嫩香，滋味鲜醇、爽口回味甘，汤色嫩绿清澈明亮，叶底嫩绿明亮，芽叶成朵。抗逆性强，扦插成活率高。

御金香

Camellia sinensis（L.）*O. Kunze cv. Yujinxiang*

来　　源： 余姚市德氏家茶场、余姚市瀑布仙茗茶业有限公司、宁波市白化茶叶专业合作社从当地小叶群体种白化变异株中选育成的无性系，品种权号20130038。

形态特征： 灌木型，树姿直立，分枝较密；中叶类，叶长10.5cm、宽4.6cm，叶片椭圆形，向上着生，叶色黄绿色，叶面平，叶身平，叶尖急尖，叶缘平。新梢芽叶黄绿色，茸毛较密。

生长特性： 中生种，广东广州一芽二叶期为3月中旬。芽叶生育力强，持嫩性较强，一芽三叶百芽重35.0g。春茶一芽二叶干样约含水浸出物49.8%、氨基酸5.8%、茶多酚20.6%、咖啡碱3.7%。

生产性能： 适制绿茶、红茶、黄茶，品质优异。抗逆性强。

中茶108

Camellia sinensis（L.）*O. Kunze cv. Zhongcha 108*

来　　源：中国农业科学院茶叶研究所从龙井43辐射诱变后代中选育的无性系，编号国品鉴茶2010013。

形态特征：灌木型，植株适中，树姿半开张，分枝较密；中叶类，叶长9.6cm、宽4.4cm，叶片长椭圆形，向上着生，叶色绿色，叶面微隆，叶身平，叶尖钝尖，叶缘微波。新梢芽叶黄绿色，茸毛密度中等。花冠直径3.0～4.0cm，花瓣白色，花柱3裂。

生长特性：中生种，广东英德产地一芽二叶期为3月下旬。芽叶生育力强，持嫩性较强，一芽三叶百芽重47.4g。春茶一芽二叶干样约含水浸出物49.3%、氨基酸4.2%、茶多酚24.1%、咖啡碱2.4%。

生产性能：适制绿茶。每667m²可产干茶250kg。制烘青绿茶，外形绿润紧结，茶汤嫩绿明亮，清香馥郁，滋味鲜爽，叶底绿亮显毫；制扁形茶，外形光扁挺直匀整，翠绿鲜艳，滋味清爽鲜，叶底嫩绿。抗旱性、抗寒性较强，较抗虫，扦插繁育力强。

锡茶5号

Camellia sinensis（L.）O. Kunze cv. *Xicha 5*

来　　源：江苏省无锡市茶叶品种研究所从宜兴群体中采用单株育种法育成的无性系，审定编号GS 13005-1994。

形态特征：灌木型，植株适中，树姿半开张，分枝密；大叶类，叶长11.6cm、宽5.3cm，叶片椭圆形，水平着生，叶色绿，叶面微隆，叶身平，叶缘平，叶尖钝。新梢芽叶绿色，茸毛较密。花冠直径3.5~4.5cm，花瓣白色，雌蕊高于雄蕊，花柱3裂，分裂位置中。

生长特性：中生种，广东英德一芽三叶期在3月下旬。新梢芽叶生育力和持嫩性较强，一芽三叶百芽重77.4g。春茶一芽二叶干样约含水浸出物49.4%、氨基酸4.8%、茶多酚16.4%、咖啡碱2.6%。

生产性能：适制绿茶。每667m²可产干茶50kg以上。制绿茶，香高味浓，品质优良。抗旱、抗寒性较强。

锡茶11号

Camellia sinensis（L.）O. Kunze cv. *Xicha 11*

来　　源：江苏省无锡市茶叶品种研究所从云南大叶实生后代中采用单株育种法育成的无性系，审定
编号GS 13006-1994。

形态特征：小乔木型，植株较高，树姿半开张，分枝密；中叶类，叶长9.7cm、宽4.5cm，叶片椭圆
形，水平着生，叶色绿，叶面隆起，叶身平，叶缘微波，叶尖钝。新梢芽叶淡绿色，茸毛
密。花冠直径3.0～3.5cm，花瓣白色，雌蕊与雄蕊等高，花柱3裂，分裂位置高。

生长特性：中生种，广东英德一芽三叶期在3月下旬。新梢芽叶生育力和持嫩性较强，一芽三叶百芽
重53.8g。春茶一芽二叶干样约含水浸出物49.6%、氨基酸3.4%、茶多酚17.5%、咖啡碱
3.5%。

生产性能：适制绿茶。每667m²可产干茶50kg以上。制绿茶，香高味浓，品质优良。抗旱、抗寒性
较强。

洞庭种

Camellia sinensis（L.）O. Kunze cv. *Dongting*

来　　源：从江苏洞庭山茶树群体采种播植成行。

形态特征：灌木型，树姿直立，分枝中等；中叶类，叶长9.4cm、宽4.6cm，叶片中等椭圆形，斜向上着生，叶色绿色，叶面微隆，叶身内折，叶基楔形，叶尖渐尖，叶缘波。新梢芽叶绿色，茸毛密度中等。花冠直径2.5～3.0cm，花瓣白色，雌蕊高于雄蕊，花柱3裂，分裂位置高。

生长特性：中生种，广东英德一芽三叶期为3月下旬。

生产性能：适制绿茶。常用于制作碧螺春。抗寒性中等，抗旱性中等。

舒茶早

Camellia sinensis（L.）O. Kunze cv. *Shuchazao*

来　　源： 舒城县农业委员会、舒茶九一六茶场从当地群体种中采用单株系统选育法育成的无性系，编号国审茶2002008。

形态特征： 灌木型，树姿半开张，分枝较密；中叶类，叶长10.4cm、宽4.3cm，叶片长椭圆形，向上着生，叶色深绿色，叶面隆起，叶身背卷，叶尖急尖，叶缘波。新梢芽叶绿色，茸毛密度中等。花冠直径3.0～5.1cm，花瓣白色，花柱3裂。

生长特性： 中生种，广东广州一芽二叶期为3月中旬。芽叶生育力强，持嫩性较强，一芽三叶百芽重65.9g。春茶一芽二叶干样约含水浸出物51.7%、氨基酸3.5%、茶多酚22.5%、咖啡碱3.1%。

生产性能： 适制绿茶。每667m²可产干茶150kg。成茶外形芽叶相连，色泽翠绿，兰花清香持久，滋味鲜醇回甘。抗旱性、抗寒性强，抵御早春晚霜能力强，扦插繁育力较强。

安徽1号

Camellia sinensis（L.）O. Kunze cv. Anhui 1

来　　源：由安徽省农业科学院茶叶研究所从祁门群体中采用单株育种法育成，编号GS 13038-
　　　　　1987。

形态特征：灌木型，树姿直立，分枝中等；大叶类，叶长10.2cm、宽4.1cm，叶片长椭圆形，斜向上
　　　　　着生，叶色绿色，叶面微隆，叶身内折，叶基楔形，叶尖钝尖，叶缘微波。新梢芽叶黄绿
　　　　　色，茸毛密度中等。

生长特性：晚生种，广东广州一芽三叶期为4月中旬。新梢芽叶持嫩性较强，一芽三叶百芽重77.0g。
　　　　　春茶一芽三叶干样约含水浸出物49.8%、氨基酸3.8%、茶多酚18.7%、咖啡碱2.9%。

生产性能：每667m²可产鲜叶300kg以上。适制红茶、绿茶。制绿茶，香气清醇，滋味醇正。抗寒性
　　　　　强，扦插繁育力强。

安徽2号

Camellia sinensis（L.）O. Kunze cv. *Anhui 2*

来　　源：从安徽农业科学院茶叶研究所引进的无性系。

形态特征：灌木型，树姿半开张，分枝中等；大叶类，叶长12.5cm、宽4.7cm，叶片长椭圆形，斜向上着生，叶色绿色，叶面微隆，叶身平，叶基楔形，叶尖渐尖，叶缘平。新梢芽叶绿色，茸毛密。

生长特性：中生种，广东广州一芽三叶期为3月中旬。新梢芽叶持嫩性较强，一芽三叶百芽重81.0g。

生产性能：适制红茶、绿茶。抗寒性强，扦插繁育力强。

祁门1号

Camellia sinensis（L.）O. Kuntze cv. *Qimen 1*

来　　源：从安徽引进的无性系。

形态特征：灌木型，树姿半开张，分枝中等；中叶类，叶长9.4cm、宽4.3cm，叶片斜向上着生，成熟叶片中等椭圆形，叶色绿色，叶面微隆，叶身平，叶基楔形，叶尖渐尖，叶缘微波。新梢芽叶黄绿色，茸毛稀。花冠直径3.0～4.0cm，花冠白色，雌蕊低于雄蕊，花柱3裂，分裂位置低。

生长特性：晚生种，广东英德产地一芽三叶期为4月上旬。

生产性能：适制红茶。抗寒性中等，抗旱性中等。

祁门2号

Camellia sinensis（L.）**O. Kuntze cv. Qimen 2**

来　　源：从安徽引进的无性系。

形态特征：灌木型，树姿直立，分枝稀；中叶类，叶长8.8cm、宽4.9cm，成熟叶片阔椭圆形，斜向上着生，叶色深绿色，叶面隆，叶身内折，叶基楔形，叶尖钝，叶缘微波。新梢芽叶黄绿色，茸毛稀。花冠直径3.0～4.0cm，花瓣白色，雌蕊高于雄蕊，花柱3裂，分裂位置低。

生长特性：晚生种，广东英德一芽三叶期为4月上旬。

生产性能：适制红茶。抗寒性中等，抗旱性中等。

祁门4号

Camellia sinensis（L.）*O. Kuntze cv. Qimen 4*

来　　源：从安徽引进的无性系。

形态特征：灌木型，树姿半开张，分枝稀；中叶类，叶长9.4cm、宽4.3cm，成熟叶片窄椭圆形，斜向上着生，叶色深绿色，叶面隆，叶身内折，叶基楔形，叶尖渐尖，叶缘微波。新梢芽叶黄绿色，茸毛密度中等。花冠直径3.0～4.0cm，花瓣白色，雌蕊略高于雄蕊，花柱3裂，分裂位置低。

生长特性：中生种，广东英德一芽三叶期为3月下旬。

生产性能：适制红茶。抗寒性中等，抗旱性中等。

祁门5号

Camellia sinensis（L.）*O. Kuntze cv. Qimen 5*

来　　源： 从安徽引进的无性系。

形态特征： 灌木型，树姿半开张，分枝中等；中叶类，叶长9.6cm、宽4.1cm，成熟叶片窄椭圆形，斜向上着生，叶色深绿色，叶面微隆，叶身内折，叶基楔形，叶尖渐尖，叶缘微波。新梢芽叶黄绿色，茸毛密度中等。花冠直径3.0～4.0cm，花瓣白色，雌蕊高于雄蕊，花柱3裂，分裂位置高。

生长特性： 晚生种，广东英德一芽三叶期为4月中旬。

生产性能： 适制红茶。抗寒性中等，抗旱性中等。

祁门6号

Camellia sinensis（L.）O. Kuntze cv. Qimen 6

来　　源：从安徽引进的无性系。

形态特征：灌木型，树姿半开张，分枝中等；中叶类，叶长10.2cm、宽4.3cm，成熟叶片披针形，斜向上着生，叶色深绿色，叶面微隆，叶身内折，叶基楔形，叶尖渐尖，叶缘波。新梢芽叶浅绿色，茸毛密度中等。花冠直径3.5～4.0cm，花瓣白色，雌蕊低于雄蕊，花柱3裂，分裂位置低。

生长特性：晚生种，广东英德一芽三叶期为4月中旬。

生产性能：适制红茶。抗寒性中等，抗旱性中等。

祁门7号

Camellia sinensis（L.）O. Kuntze cv. Qimen 7

来　　源： 从安徽引进的无性系。

形态特征： 灌木型，树姿半开张，分枝中等；中叶类，叶长9.4cm、宽4.1cm，成熟叶片披针形，斜向上着生，叶色深绿色，叶面隆，叶身内折，叶基楔形，叶尖渐尖，叶缘微波。新梢芽叶紫绿色，茸毛密。花冠直径4.0～5.0cm，花瓣白色，雌蕊稍高于雄蕊，花柱3裂，分裂位置低。

生长特性： 中生种，广东英德一芽三叶期为3月中旬。

生产性能： 适制红茶。抗寒性中等，抗旱性中等。

祁门8号

Camellia sinensis（L.）O. Kuntze cv. *Qimen 8*

来　　源：从安徽引进的无性系。

形态特征：灌木型，树姿半开张，分枝稀；中叶类，叶长9.6cm、宽4.3cm，成熟叶片披针形，斜向上着生，叶色深绿色，叶面微隆，叶身内折，叶基楔形，叶尖渐尖，叶缘微波。新梢芽叶黄绿色，茸毛稀。花冠直径3.0～4.0cm，花瓣白色，雌蕊高于雄蕊，花柱3裂，分裂位置高。

生长特性：晚生种，广东英德一芽三叶期为4月上旬。

生产性能：适制红茶。抗寒性中等，抗旱性中等。

上梅州

Camellia sinensis（L.）O. Kunze cv. *Shangmeizhou*

来　　源： 原产江西省婺源县梅林乡上梅州村，审定编号GS 13019-1985。

形态特征： 灌木型，植株较高大，树姿开张，分枝中等；大叶类，叶长14.6cm、宽5.6cm，叶片椭圆形，水平着生，叶色深绿，叶面隆起，叶身内折，叶缘波状，叶尖渐尖。新梢芽叶黄绿色，茸毛密。花冠直径3.8～4.5cm，花瓣白色，雌蕊高于雄蕊，花柱3裂，分裂位置中。

生长特性： 晚生种，广东英德一芽三叶期在4月上旬。新梢芽叶生育力和持嫩性较强，一芽三叶百芽重76.2g。春茶一芽二叶干样约含水浸出物48.6%、氨基酸3.2%、茶多酚19.4%、咖啡碱3.7%。

生产性能： 适制绿茶。每667m²可产干茶350kg以上。制绿茶，香高味浓，弯曲如眉，白毫显露，香浓持久似兰花香，滋味鲜爽醇厚。抗旱、抗寒性较强。

白毫早

Camellia sinensis（L.）O. Kunze cv. *Baihaozao*

来　　源：湖南省农业科学院茶叶研究所从安化群体种采用单株育种法育成的无性系，审定编号GS 13017-1994。

形态特征：灌木型，树姿半开张，分枝较密；中叶类，叶长10.3cm、宽4.3cm，叶片长椭圆形，斜向上着生，叶色绿，叶面平滑，叶身内折，叶尖渐尖。新梢芽叶绿色，茸毛特密。花冠直径3.5～4.0cm，花瓣白色，雌蕊高于雄蕊，花柱3裂，分裂位置中。

生长特性：中生种，广东英德一芽三叶期在3月下旬。新梢芽叶生育力和持嫩性较强，一芽三叶百芽重42.2g。春茶一芽二叶干样约含水浸出物49.6%、氨基酸5.2%、茶多酚18.6%、咖啡碱3.6%。

生产性能：适制绿茶。每667m²可产干茶100kg以上。制绿茶条索紧细，茸毛满披，滋味醇厚，叶底黄嫩，香气嫩爽持久。抗旱性特强，抗寒性较强。

碧香早

Camellia sinensis（L.）O. Kunze cv. *Bixiangzao*

来　　源： 湖南省农业科学院茶叶研究所以福鼎大白茶为母本、云南大叶茶为父本采用杂交育种法育成的无性系，审定编号1993年品审证字第131号。

形态特征： 灌木型，树姿半开张，分枝中等；中叶类，叶长9.6cm、宽4.3cm，叶片长椭圆形，斜向上着生，叶色绿，叶面隆起，叶身内折，叶尖渐尖。新梢芽叶绿色，茸毛较密。花冠直径3.5～4.0cm，花瓣白色，雌蕊与雄蕊等高，花柱3裂，分裂位置高。

生长特性： 中生种，广东英德一芽三叶期在3月中旬。新梢芽叶生育力和持嫩性较强，一芽三叶百芽重47.1g。春茶一芽二叶干样约含水浸出物47.8%、氨基酸6.7%、茶多酚18.3%、咖啡碱4.7%。

生产性能： 适制绿茶。每667m²可产干茶240kg以上。制绿茶翠绿显毫，味浓爽，栗香高长。抗旱、抗寒性较强。

高芽齐

Camellia sinensis（L.）O. Kunze cv. *Gaoyaqi*

来　　源：湖南省农业科学院茶叶研究所从槠叶齐自然杂交后代中采用单株育种法育成的无性系，审定编号GS 13015-1994。

形态特征：灌木型，树姿半开张，分枝密；中叶类，叶长9.8cm、宽4.3cm，叶片长椭圆形，斜向上着生，叶色绿，叶面微隆，叶尖渐尖。新梢芽叶黄绿色，茸毛稀。花冠直径3.5～4.0cm，花瓣白色，雌蕊高于雄蕊，花柱3裂，分裂位置中。

生长特性：晚生种，广东英德一芽三叶期在4月上旬。新梢芽叶生育力和持嫩性较强，一芽三叶百芽重43.8g。春茶一芽二叶干样约含水浸出物49%、氨基酸5.6%、茶多酚19.2%、咖啡碱2.6%。

生产性能：适制红茶、绿茶。每667m²可产干茶320kg以上，适宜机采。成茶品质优异。抗旱、抗寒性较强。

东湖早

Camellia sinensis（L.）O. Kunze cv. Donghuzao

来　　源： 湖南省农业科学院茶叶研究所从安化群体中采用单株育种法育成的无性系。

形态特征： 小乔木型，树姿半开张；中叶类，叶长9.9cm、宽4.0cm，叶片长椭圆形，斜向上着生，叶色绿，叶缘波，叶尖渐尖。新梢芽叶黄绿色，茸毛稀。花冠直径3.5cm，花瓣白色，雌蕊高于雄蕊，花柱3裂，分裂位置中。

生长特性： 晚生种，广东英德一芽三叶期在4月上旬。新梢芽叶生育力和持嫩性较强，一芽三叶百芽重40.4g。春茶一芽二叶干样约含水浸出物48.2%、氨基酸4.8%、茶多酚18.2%、咖啡碱4.0%。

生产性能： 适制红茶、绿茶。每667m²可产干茶320kg以上。成茶品质优异。抗旱、抗寒性较强。

尖坡黄13

Camellia sinensis（L.）O. Kunze cv. *Jianpohuang 13*

来　　源：湖南省农业科学院茶叶研究所从尖坡黄自然杂交后代中采用单株育种法育成的无性系，编号GS 13018-1994。

形态特征：灌木型，树姿半开张，分枝中等；中叶类，叶长9.6cm、宽4.1cm，叶片长椭圆形，水平着生，叶色绿，叶缘微波，叶尖急尖。新梢芽叶黄绿色，茸毛较密。花冠直径3.6～4.0cm，花瓣白色，雌蕊高于雄蕊，花柱3裂，分裂位置高。

生长特性：中生种，广东英德一芽三叶期在3月中旬。新梢芽叶生育力和持嫩性较强，一芽三叶百芽重48.6g。春茶一芽二叶干样约含水浸出物48%、氨基酸3.9%、茶多酚18.6%、咖啡碱3.1%。

生产性能：适制红茶、绿茶。每667m²可产干茶354kg以上。制红茶，香高味浓；制绿茶，外形色泽黄绿稍安，条索肥壮紧结，欠匀稍曲。抗旱、抗寒性较强。

茗丰

Camellia sinensis（L.）O. Kunze cv. *Mingfeng*

来　　源：湖南省农业科学院茶叶研究所从以福鼎大白茶为母本、云南大叶茶为父本采用杂交育种法育成的无性系，编号1993年品审证字第132号。

形态特征：灌木型，树姿半开张，分枝较密；中叶类，叶长10.5cm、宽4.8cm，叶片长椭圆形，斜向上着生，叶色绿，叶面微隆，叶身平，叶尖渐尖。新梢芽叶黄绿色，茸毛较密。花冠直径3.8~4.5cm，花瓣白色，雌蕊与雄蕊等高，花柱3裂，分裂位置高。

生长特性：晚生种，广东英德一芽三叶期在4月上旬。新梢芽叶生育力和持嫩性较强，一芽三叶百芽重44.3g。春茶一芽二叶干样约含水浸出物47.4%、氨基酸6.8%、茶多酚17.9%、咖啡碱4.6%。

生产性能：适制绿茶。每667m²可产干茶330kg。制绿茶，色翠绿有毫，清香持久，品质优良。抗旱、抗寒性较强。

桃源大叶

Camellia sinensis（L.）O. Kunze cv. *Taoyuan Daye*

来　　源： 湖南省桃源县茶树良种站、湖南农业大学茶叶研究所从桃源群体中采用单株育种法育成的无性系，编号1992年品审证字第107号。

形态特征： 灌木型，植株较高大，树姿半开张，枝条粗壮稀疏；大叶类，叶长13.8cm、宽5.5cm，叶片椭圆形，斜向上着生，叶色深绿，叶面微隆。新梢芽叶黄绿色，茸毛较密。花冠直径3.9～4.3cm，花瓣白色，雌蕊与雄蕊等高，花柱3裂，分裂位置中。

生长特性： 早生种，广东广州一芽三叶期在3月上旬。新梢芽叶生育力和持嫩性较强，一芽三叶百芽重41.7g。春茶一芽二叶干样约含水浸出物49.2%、氨基酸5.1%、茶多酚19.2%、咖啡碱2.6%。

生产性能： 适制红茶、绿茶。每667m²可产干茶80kg以上。制红茶条索肥硕，乌黑油润，汤色红亮，滋味浓欠爽，有甜香；制绿茶，香气清纯，滋味浓爽。抗旱、抗寒性较强。

湘波绿

Camellia sinensis（L.）O. Kunze cv. *Xiangbolv*

来　　源：湖南省农业科学院茶叶研究所从安化群体中采用单株育种法育成的无性系。

形态特征：灌木型，树姿半开张，分枝中等；中叶类，叶长5.9cm、宽3.9cm，叶片椭圆形，水平着生，叶色绿，叶面隆，叶缘波，叶尖渐尖。新梢芽叶黄绿色，茸毛较密。花冠直径3.0～3.5cm，花瓣白色，雌蕊与雄蕊等高，花柱3裂，分裂位置高。

生长特性：晚生种，广东英德一芽三叶期在4月上旬。新梢芽叶生育力和持嫩性较强，一芽三叶百芽重42.7g。春茶一芽二叶干样约含水浸出物50.5%、氨基酸4.5%、茶多酚14.3%、咖啡碱3.1%。

生产性能：适制红茶、绿茶。每667m²可产干茶200kg以上。制红茶具花香；制绿茶，品质优良。抗旱、抗寒性较强。

槠叶齐12号

Camellia sinensis（L.）O. Kunze cv. Zhuyeqi 12

来　　源：湖南省农业科学院茶叶研究所从槠叶齐自然杂交后代中采用单株育种法育成，编号GS 13016-1994。

形态特征：灌木型，树姿半开张，分枝较疏；中叶类，叶长9.8cm、宽4.3cm，叶片长椭圆形或披针形，斜向上着生，叶色黄绿，叶面微隆，叶缘波，叶尖渐尖。新梢芽叶绿色，茸毛特密。花冠直径3.5～4.0cm，花瓣白色，雌蕊高于雄蕊，花柱3裂，分裂位置高。

生长特性：晚生种，广东英德一芽三叶期在4月上旬。新梢芽叶生育力和持嫩性较强，一芽三叶百芽重48.5g。春茶一芽二叶干样约含水浸出物49.0%、氨基酸6.0%、茶多酚19.8%、咖啡碱3.7%。

生产性能：适制红茶、绿茶。每667m²可产干茶260kg以上，制红茶，味浓强鲜爽；制绿茶，具板栗香。抗旱、抗寒性较强。

玉笋

Camellia sinensis（L.）O. Kunze cv. *Yusun*

来　　源：湖南省农业科学院茶叶研究所以日本薮北种为母本，福鼎大白茶、槠叶齐、湘波绿和龙井43号等优良品种的混合花粉做父本采用杂交育种法育成的无性系，审定编号XPD 029-2009。

形态特征：灌木型，树姿半开张，分枝较密；中叶类，叶长10.9cm、宽4.7cm，叶片斜向上着生，椭圆形，叶色绿，叶面平，叶身平，叶尖渐尖。新梢芽叶浅绿色，茸毛较密。花冠直径3.0～3.5cm，花瓣白色，雌蕊与雄蕊等高，花柱3裂，分裂位置中。

生长特性：晚生种，广东英德一芽三叶期在4月上旬。新梢芽叶生育力和持嫩性较强，一芽三叶百芽重54.3g。春茶一芽二叶干样约含水浸出物48.5%、氨基酸6.8%、茶多酚17.8%、咖啡碱3.4%。

生产性能：适制绿茶。每667m²可产干茶200kg以上。制绿茶，品质优异。抗旱、抗寒性较强。

槠叶齐

Camellia sinensis（L.）O. Kunze cv. *Zhuyeqi*

来　　源：湖南省农业科学院茶叶研究所从安化群体中采用单株育种法育成的无性系，审定编号GS 13036-1987。

形态特征：灌木型，植株较高大，树姿半开张，分枝较密；中叶类，叶长10.8cm、宽4.3cm，叶片椭圆形，斜向上着生，叶色绿，叶面微隆，叶身平，叶尖渐尖。新梢芽叶黄绿色，茸毛密度中等。花冠直径3.0～3.5cm，花瓣白色，雌蕊高于雄蕊，花柱3裂，分裂位置低。

生长特性：中生种，广东英德一芽三叶期在3月下旬。新梢芽叶生育力和持嫩性较强，一芽三叶百芽重52.0g。春茶一芽二叶干样约含水浸出物40.4%、氨基酸4.4%、茶多酚17.8%、咖啡碱4.1%。

生产性能：适制红茶、绿茶。每667m²可产干茶214kg以上。制绿茶，外形绿润，汤色绿明，叶底嫩绿，香味高醇。抗旱、抗寒性较强。

保靖黄金茶1号

Camellia sinensis（L.）O. Kunze cv. Baojing Huangjincha 1

来　　源：湖南省农业科学院茶叶研究所、湖南省保靖县农业局从当地黄金茶群体中采用单株育种法育成的无性系，编号XPD 005-2010。

形态特征：灌木型，树姿半开张，分枝密；中叶类，叶长9.7cm、宽4.7cm，叶片窄椭圆形，斜向上着生，叶色绿色，叶面微隆，叶身平，叶基楔形，叶尖渐尖，叶缘平。新梢芽叶浅绿色，茸毛密度中等。花冠直径3.5~4.0cm，花瓣白色，雌蕊与雄蕊等高，花柱3裂，分裂位置高。

生长特性：早生种，广东英德一芽三叶期为3月上旬。新梢芽叶生育力和持嫩性强，一芽三叶百芽重56.0g。春茶一芽二叶干样约含水浸出物48.4%、氨基酸4.8%、茶多酚23.4%、咖啡碱3.7%。

生产性能：适制红茶、绿茶。每667m²可产干茶200kg。制红茶，乌黑油润显金毫，滋味醇和甘爽，香气高长；制绿茶，色泽翠绿，汤色黄绿明亮，香气高长，回味鲜醇。

君山银针1号

Camellia sinensis（L.）O. Kunze cv. *Junshan Yinzhen 1*

来　　源：从湖南君山茶树群体引进的单株。

形态特征：灌木型，树姿半开张，分枝中等；中叶类，叶长9.9cm、宽4.6cm，叶片窄椭圆形，斜向上着生，叶色绿色，叶面隆，叶身平，叶基楔形，叶尖渐尖，叶缘波。新梢芽叶黄绿色，茸毛密度中等。花冠直径2.0～2.5cm，花瓣白色，雌蕊与雄蕊等高，花柱3裂，分裂位置高。

生长特性：中生种，广东英德一芽三叶期为3月下旬。新梢芽叶生育力较强，一芽三叶百芽重46.0g。

生产性能：适制黄茶。茶香气清高，味醇甘爽，汤黄澄高，芽壮多毫，条真匀齐，白毫如羽，芽身金黄发亮，着淡黄色茸毫，叶底肥厚匀亮，滋味甘醇甜爽，久置不变其味。

潇湘红

Camellia sinensis（L.）*O. Kunze cv. Xiaoxianghong*

来　　源： 从湖南省农业科学院茶叶研究所引进的无性系。

形态特征： 小乔木型，树姿直立，分枝稀；中叶类，叶长11.1cm、宽4.6cm，叶片窄椭圆形，斜向上着生，叶色绿色，叶面微隆，叶身平，叶基楔形，叶尖渐尖，叶缘平。新梢芽叶浅绿色，茸毛稀。花冠直径3.0～4.0cm，花瓣白色，雌蕊与雄蕊等高，花柱3裂，分裂位置低。

生长特性： 中生种，广东英德一芽三叶期为3月下旬。新梢芽叶生育力强，一芽三叶百芽重68.0g。春茶一芽二叶干样约含水浸出物43.7%、氨基酸3.2%、茶多酚26.9%、咖啡碱4.8%。

生产性能： 适制红茶。成茶香味鲜尚浓，汤色红亮。抗寒性中等，抗旱性中等，扦插繁育力强。

鄂茶1号

Camellia sinensis（L.）*O. Kunze cv. Echa 1*

来　　源：湖北省农业科学院果树茶叶研究所以福鼎大白茶为母本、梅占为父本采用杂交育种法育成的无性系，审定编号国审茶2002013。

形态特征：灌木型，树姿半开张，分枝较密；中叶类，叶长11.5cm、宽4.8cm，长椭圆形，叶片斜向上着生，叶色深绿，叶身内折，叶尖渐尖。新梢芽叶黄绿色，茸毛密度中等。花冠直径3.5～5.0cm，花瓣白色，雌蕊与雄蕊等高，花柱3裂，分裂位置高。

生长特性：中生种，广东广州一芽三叶期在3月下旬。新梢芽叶生育力和持嫩性较强，一芽三叶百芽重54.0g。春茶一芽二叶干样约含水浸出物50.7%、氨基酸3.4%、茶多酚18.1%、咖啡碱2.9%。

生产性能：适制绿茶。每667m²可产干茶100kg以上，制绿茶，色苍绿稍翠，香气似栗香，味鲜醇。抗旱、抗寒性强。

鄂茶10号

Camellia sinensis（L.）O. Kunze cv. Echa 10

来　　源： 湖北省宣恩县特产技术推广服务中心从恩施苔子茶群体中采用单株育种法育成的无性系，审定编号鄂审茶2007001。

形态特征： 小乔木型，树姿直立，分枝较密；中叶类，叶长8.4cm、宽4.2cm，叶片斜向上着生，长椭圆形，叶色绿，叶面微隆，叶身平，叶缘波，叶尖急尖。新梢芽叶嫩绿色，茸毛较稀。花冠直径3.0～3.5cm，花瓣白色，雌蕊与雄蕊等高，花柱3裂，分裂位置高。

生长特性： 中生种，广东广州一芽三叶期在3月中旬。新梢芽叶生育力和持嫩性较强，一芽三叶百芽重49.6g。春茶一芽二叶干样约含水浸出物52.8%、氨基酸3.1%、茶多酚16.3%、咖啡碱2.8%。

生产性能： 适制绿茶。每667m²可产干茶175kg以上。制绿茶品质优异。抗旱、抗寒性较强。

牛皮茶

Camellia sinensis（L.）O. Kunze cv. *Niupicha*

来　　源：古蔺牛皮茶群体，原产四川省古蔺县椒子沟。

形态特征：灌木型，树姿直立，分枝中等；中叶类，叶长8.6cm、宽4.2cm，叶片阔椭圆形，水平着生，叶色绿色，叶面微隆，叶身平，叶基楔形，叶尖渐尖，叶缘微波。新梢芽叶绿色，茸毛密度中等。花冠直径3.5~4.0cm，花瓣白色，雌蕊高于雄蕊，花柱3裂，分裂位置中。

生长特性：晚生种，广东英德一芽三叶期为4月上旬。一芽三叶百芽重32.0g。

生产性能：适制绿茶。抗寒性中等，抗旱性中等。

南江大叶

Camellia sinensis（L.）O. Kunze cv. *Nanjiang Daye*

来　　源： 从四川南江大叶群体种采摘种子播植成行。

形态特征： 灌木型，树姿直立，分枝密；中叶类，叶长8.8cm、宽4.8cm，叶片披针形，斜向上着生，叶色深绿色，叶面微隆，叶身内折，叶基楔形，叶尖渐尖，叶缘微波。新梢芽叶绿色，茸毛稀。花冠直径3.5~4.0cm，花瓣白色，雌蕊高于雄蕊，花柱3裂，分裂位置高。

生长特性： 中生种，广东英德一芽三叶期为3月中旬。一芽三叶百芽重42.7g。

生产性能： 适制绿茶。抗寒性中等，抗旱性中等。

陕茶1号

Camellia sinensis（L.）O. Kunze cv. *Shancha 1*

来　　源：陕西汉水韵茶叶有限公司从紫阳群体中采用单株育种法育成的无性系，陕茶登字2010001号。

形态特征：灌木型，植株中等，树姿半开张，分枝中等；中叶类，叶长9.8cm、宽4.2cm，叶片椭圆形，斜向上着生，叶色深绿，叶面隆起，叶身内折，叶缘波，叶尖急尖。新梢芽叶绿色，茸毛较密。

生长特性：中生种，广东英德一芽三叶期在3月下旬。新梢芽叶生育力和持嫩性较强，一芽三叶百芽重64.7g。春茶一芽二叶干样约含水浸出物48.6%、氨基酸4.1%、茶多酚24.6%、咖啡碱2.8%。

生产性能：适制绿茶。成茶香气清香高长，滋味鲜醇、爽口、回甘。适应性广，抗寒性强。

台茶12号

Camellia sinensis（L.）*O. Kunze cv. Taicha 12*

来　　源：又名"金萱"。由我国台湾的茶业改良场以台农8号为母本、硬枝红心为父本人工杂交育成的无性系。

形态特征：灌木型，树姿开张，分枝密；中叶类，叶长10.3cm、宽4.5cm，叶片椭圆形，斜向上着生，叶色淡绿，具光泽，叶面较平，叶身平，叶缘波状，叶齿密、不整齐，叶质厚，叶尖钝尖。新梢芽叶绿色，节间粗长，茸毛短密，嫩叶背面有茸毛。花冠直径3.5～4.0cm，花瓣白色，雌蕊高于雄蕊，花柱3裂，分裂位置中。

生长特性：中生种，广东英德一芽三叶期在3月下旬。新梢芽叶生长势强，发芽整齐，芽叶密度中等，一芽三叶百芽重67.0g。春茶一芽二叶干样约含全氮量4.9%、氨基酸1.2%、茶多酚12.1%、咖啡碱2.4%。

生产性能：适制绿茶、乌龙茶、红茶。乌龙茶干茶色泽深绿润，汤色绿黄清澈，带浓厚的玉兰香气，滋味醇厚滑口。绿茶奶香显，滋味鲜醇。抗寒性、抗病性（枝枯病）均强，适应性强。发根性强，根系发达，扦插成活率高。开花多。

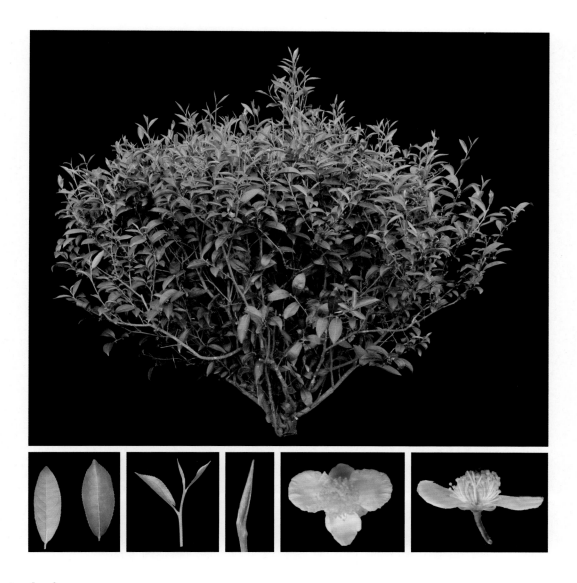

青心大冇

Camellia sinensis（L.）O. Kunze cv. *Qingxin Damao*

来　　源：由我国台湾台北县文山农民从文山栽培茶树群体中采用单株育种法育成。

形态特征：灌木型，树姿开张，分枝中等；中叶类，叶长9.6cm、宽4.0cm，叶片椭圆形，斜向上着生，叶色暗绿，无光泽，叶面平，叶身平，叶脉不明显，叶缘波状，叶齿密而锐利，叶质厚硬脆，叶尖钝尖。新梢芽叶肥壮，深绿带紫红色，茸毛密度中等。花冠直径平均2.3cm，花瓣白色，子房茸毛少，花柱3裂。

生长特性：中生种，广东英德一芽三叶期在3月下旬。树势健壮，芽叶密度中等。新梢芽叶生育力和持嫩性较强，一芽三叶百芽重60.0g。春茶一芽二叶干样约含全氮量3.9%、茶多酚16.1%、咖啡碱2.3%。

生产性能：适制乌龙茶、绿茶。制乌龙茶，滋味浓厚，香气独特，品质特优；制红茶、绿茶，品质优良。抗寒与抗风性强，抗虫性中等，抗旱性弱。适应性较强。扦插成活率中等。

青心乌龙

Camellia sinensis（L.）O. Kuntze cv. *Qingxin Wulong*

来　　源：从我国台湾引进的无性系品种。

形态特征：灌木型，树姿开张，分枝中等；小叶类，叶长6.8cm、宽3.1cm，叶片中等椭圆形，斜向上着生，叶色绿色，叶面微隆，叶身平，叶基楔形，叶尖钝，叶缘波。新梢芽叶黄绿色，茸毛密度中等。花冠直径平均3.2cm，花瓣白色，雌蕊低于雄蕊，花柱3裂，分裂位置低。

生长特性：晚生种，广东英德一芽三叶期为4月中旬。

生产性能：适制乌龙茶。具有兰花香气清扬、滋味醇和的特点，且制优率高。是目前我国台湾栽种面积最广的品种，适应性和抗逆性较强。

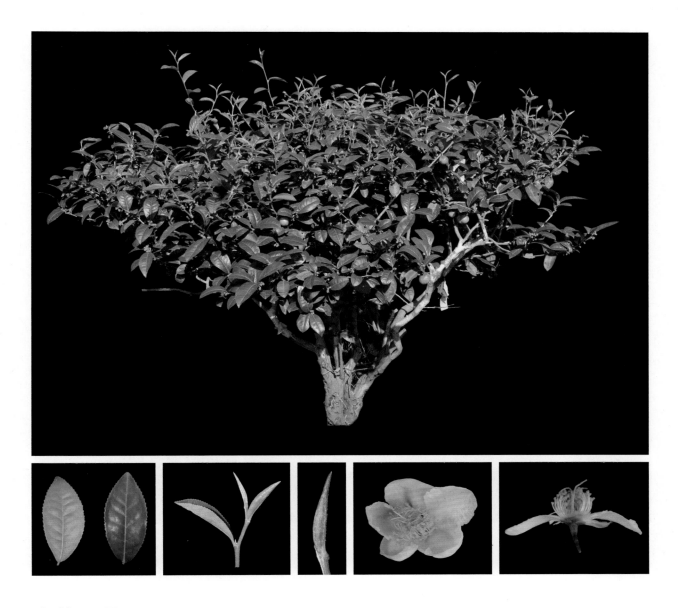

台茶13号

Camellia sinensis（L.）O. Kunze cv. *Taicha 13*

来　　源： 又名"翠玉"，由我国台湾的茶叶改良场以硬枝红心为母本，台农80号为父本采用杂交育种法育成的无性系。

形态特征： 灌木型，植株中等，树姿直立，分枝较稀；中叶类，叶长9.4cm、宽4.3cm，叶片近阔椭圆形，斜向上着生，叶色深绿，叶面隆起，叶身内折，叶缘微波，叶尖钝尖。新梢芽叶深绿带紫，茸毛密度中等。花冠直径3.5～4.5cm，花瓣白色，雌蕊高于雄蕊，花柱3裂，分裂位置中。

生长特性： 晚生种，广东英德一芽三叶期在4月上旬。新梢芽叶生育力和持嫩性较强，一芽三叶百芽重88.7g。春茶一芽二叶干样约含水浸出物48.6%、氨基酸3.1%、茶多酚15.6%、咖啡碱3.7%。

生产性能： 适制乌龙茶。每667m²可产干茶40kg以上。制乌龙茶品质优异。抗旱、抗寒性较强。

四季春

Camellia sinensis（L.）O. Kunze cv. *sijichun*

来　　源：原产我国台湾八卦山，一年可采七八次，所以取名"四季春"。又名"不知春"，人也称"辉仔茶"。

形态特征：灌木型，植株适中，树姿直立，分枝中等；中叶类，叶长9.4cm、宽4.1cm，叶片椭圆形，向上着生，叶色绿色，叶面平，叶身稍背卷，叶尖钝尖，叶缘平。新梢芽叶紫绿色，茸毛密度中等。

生长特性：中生种，广东英德一芽二叶期为3月下旬。芽叶生育力强，持嫩性强，一芽三叶百芽重52.4g。

生产性能：适制绿茶、乌龙茶。成茶兼乌龙茶风味和绿茶香气，茶汤蜜黄，栀子花香怡人，滋味清醇，常用于制作清凉果茶和芳香奶茶。冬季茶叶休眠期短，萌芽期甚早且抗旱性较强，抗寒性高，一年四季皆可产制，产量高，适应性强。

国外引进资源

印度

印度阿萨姆群体种

肯尼亚

肯尼亚301-1

肯尼亚301-3

肯尼亚301-5

肯尼亚3号

肯尼亚大叶群体

斯里兰卡

斯里兰卡大叶群体

韩国

韩国1号

韩国3号

日本

薮北种

老挝

老挝8号

老挝10号

格鲁吉亚

格鲁吉亚4号

格鲁吉亚6号

印度阿萨姆群体种

Camellia sinensis var. *assamica*（Masters）Kitamura cv. *Assam*

来　　源：从印度引进的阿沙姆群体种种子播植成行。

形态特征：小乔木型，树姿半开张，分枝密；大叶类，叶长13.0～17.0cm、宽5.0～7.0cm，叶片椭圆形，斜向上着生，叶色深绿色，叶面平，叶身内折，叶基楔形，叶尖急尖，叶缘波。新梢芽叶绿色，茸毛密。花冠3.5～4.0cm，花瓣白色，雌蕊高于雄蕊，花柱3裂，分裂位置中。

生长特性：中生种，广东英德一芽三叶期为4月上旬。新梢芽叶生育力和持嫩性强，一芽三叶百芽重142.0g。

生产性能：适制红茶。抗寒性差，扦插繁育力强。

肯尼亚301-1

Camellia sinensis var. *assamica*（Masters）Kitamura cv. *Kenya 301-1*

来　　源：从肯尼亚引进的大叶茶群体经单株系统选育而成的无性系。

形态特征：小乔木型，树姿半开张，分枝密；大叶类，叶长14.5cm、宽6.0cm，叶片椭圆形，斜向上
　　　　　着生，叶色深绿色，叶面微隆，叶身平，叶基楔形，叶尖急尖，叶缘波。新梢芽叶绿色，
　　　　　茸毛密。花冠3.0～3.5cm，花瓣白色，雌蕊与雄蕊等高，花柱3裂，分裂位置高。

生长特性：中生种，广东英德一芽三叶期为4月上旬。新梢芽叶生育力和持嫩性较强，一芽三叶百芽
　　　　　重141.0g。

生产性能：适制红茶。抗寒性差。

肯尼亚301-3

Camellia sinensis var. assamica（Masters）Kitamura cv. Kenya 301-3

来　　源： 从肯尼亚引进的大叶茶群体经单株系统选育而成的无性系。

形态特征： 小乔木型，树姿半开张，分枝密；大叶类，叶长14.8cm、宽5.9cm，叶片椭圆形，斜向上着生，叶色深绿色，叶面微隆，叶身内折，叶基楔形，叶尖渐尖，叶缘波。新梢芽叶绿色，茸毛密。花冠3.0~3.5cm，花瓣白色，雌蕊与雄蕊等高，花柱3裂，分裂位置中。

生长特性： 中生种，广东英德一芽三叶期为3月下旬。新梢芽叶生育力和持嫩性较强，一芽三叶百芽重141.0g。

生产性能： 适制红茶。抗寒性差。

肯尼亚301-5

Camellia sinensis var. assamica（Masters）Kitamura cv. Kenya 301-5

来　　源： 从肯尼亚引进的大叶茶群体经单株系统选育而成的无性系。

形态特征： 小乔木型，树姿半开张，分枝密；大叶类，叶长13.8cm、宽6.0cm，叶片阔椭圆形，斜向上着生，叶色深绿色，叶面隆起，叶身平，叶基楔形，叶尖渐尖，叶缘波。新梢芽叶绿色，茸毛密。花冠3.5～4.0cm，花瓣白色，雌蕊高于雄蕊，花柱3裂，分裂位置中。

生长特性： 中生种，广东英德一芽三叶期为3月下旬。新梢芽叶生育力和持嫩性较强，一芽三叶百芽重127.0g。

生产性能： 适制红茶。抗寒性差。

肯尼亚3号

Camellia sinensis var. *assamica*（Masters）Kitamura cv. *Kenya 3*

来　　源：从肯尼亚大叶茶树群体中筛选出的无性系。

形态特征：小乔木型，树姿半开张，分枝中等；大叶类，叶长13.3cm、宽5.7cm，叶片窄椭圆形，斜向上着生，叶色绿色，叶面微隆，叶身内折，叶基楔形，叶尖渐尖，叶缘波。新梢芽叶浅绿色，茸毛密度中等。花冠4.0～4.5cm，花瓣白色，雌蕊与雄蕊等高，花柱3裂，分裂位置高。

生长特性：早生种，广东广州一芽三叶期为2月中旬。

生产性能：适制红茶。

肯尼亚大叶群体

Camellia sinensis var. *assamica*（Masters）Kitamura cv. *Kenya*

来　　源：从肯尼亚引进的大叶茶群体种种子播植成行。

形态特征：小乔木型，树姿半开张，分枝密；大叶类，叶长14.0～17.0cm、宽5.0～7.0cm，叶片阔椭圆形，斜向上着生，叶色绿色，叶面隆起，叶身平，叶基楔形，叶尖渐尖，叶缘波。新梢芽叶黄绿色，茸毛较密。花冠3.0～3.5cm，花瓣白色，雌蕊高于雄蕊，花柱3裂，分裂位置中。

生长特性：广东英德一芽三叶期为3月下旬。新梢芽叶生育力和持嫩性较强，一芽三叶百芽重147.0g。

生产性能：适制红茶。抗寒性差。

斯里兰卡大叶群体

Camellia sinensis var. *assamica*（Masters）Kitamura cv. *Sri Lanka Daye*

来　　源： 从斯里兰卡引进的大叶茶群体种。

形态特征： 小乔木型，树姿开张，分枝中等；大叶类，叶长13.0～16.0cm、宽5.0～7.0cm，叶片椭圆形，斜向上着生，叶色绿色，叶面平，叶身平，叶基楔形，叶尖急尖，叶缘微波。新梢芽叶黄绿色，茸毛密。

生长特性： 中生种，广东英德一芽三叶期为3月下旬。新梢芽叶生育力和持嫩性强，一芽三叶百芽重129.0g。

生产性能： 适制红茶。抗寒性差，扦插繁育力强。

韩国1号

Camellia sinensis（L.）O. Kunze cv. *Korea 1*

来　　源：从韩国庆尚南道引进的单株。

形态特征：小乔木型，树姿直立，分枝中等；中叶类，叶长9.4cm、宽4.1cm，叶片椭圆形，斜向上着生，叶色绿色，叶面平，叶身内折，叶基楔形，叶尖急尖，叶缘波。新梢芽叶绿色，茸毛密。

生长特性：中生种，广东广州一芽三叶期为3月中旬。新梢芽叶持嫩性较强。

生产性能：适制绿茶。抗寒性较强。

韩国3号

Camellia sinensis（L.）O. Kunze cv. *Korea 3*

来　　源：从韩国庆尚南道引进的单株。

形态特征：小乔木型，树姿半开张，分枝密；中叶类，叶长8.7cm、宽3.5cm，叶片椭圆形，斜向上着生，叶色绿色，叶面平，叶身平，叶基楔形，叶尖急尖，叶缘平。新梢芽叶绿色，茸毛密。

生长特性：中生种，广东广州一芽三叶期为3月下旬。新梢芽叶持嫩性较强。

生产性能：适制绿茶。抗寒性较强。

薮北种

Camellia sinensis（L.）O. Kunze cv. *Soubei*

来　　源：从日本薮北种群体引进的无性系。

形态特征：小乔木型，树姿半开张，分枝密；中叶类，叶长8.8cm、宽3.6cm，叶片椭圆形，斜向上着生，叶色绿色，叶面隆，叶身平，叶基楔形，叶尖急尖，叶缘微波。新梢芽叶黄绿色，茸毛密。

生长特性：中生种，广东英德一芽三叶期为3月下旬，新梢芽叶生育力和持嫩性较强。

生产性能：适制绿茶和抹茶。抗寒性强。

老挝8号

Camellia sinensis（L.）O. Kunze cv. *Laos 8*

来　　源：从老挝群体种引进的单株。

形态特征：小乔木型，树姿直立，分枝中等；中叶类，叶长8.4cm、宽3.5cm，叶片椭圆形，水平着生，叶色深绿色，叶面平，叶身内折，叶基楔形，叶尖渐尖，叶缘微波。新梢芽叶绿色，茸毛无。花冠2.5～3.0cm，花瓣白色，雌蕊与雄蕊等高，花柱3裂，分裂位置高。

生长特性：中生种，广东广州一芽三叶期为3月下旬。新梢芽叶持嫩性强，一芽三叶百芽重57.0g。

生产性能：适制红茶。抗寒性差。

老挝10号

Camellia sinensis（L.）O. Kunze cv. Laos 10

来　　源：从老挝群体种引进的单株。

形态特征：小乔木型，树姿直立，分枝中等；中叶类，叶长8.4cm、宽3.4cm，叶片椭圆形，水平着生，叶色绿色，叶面平，叶身内折，叶基楔形，叶尖渐尖，叶缘微波，叶柄基部红紫显色。新梢芽叶绿色，茸毛稀。花单生，花形为单瓣花，花瓣数5～6枚，白色，倒卵圆形，花冠2.5～3.0cm，花瓣白色，雌蕊低于雄蕊，花柱3裂，分裂位置高。

生长特性：中生种，广东广州一芽三叶期为3月下旬。新梢芽叶持嫩性较强，一芽三叶百芽重61.0g。

生产性能：适制红茶。抗寒性差。

格鲁吉亚4号

Camellia sinensis（L.）O. Kunze cv. *Georgia 4*

来　　源：从格鲁吉亚引进的群体种经系统选育的无性系。

形态特征：小乔木型，树姿开张，分枝密；中叶类，叶长8.8cm、宽3.5cm，叶片椭圆形，斜向上着生，叶色绿色，叶面平，叶身平，叶基钝，叶尖急尖，叶缘平。新梢芽叶紫绿色，茸毛密。花单生，白色，倒卵圆形，花萼绿色，花药大，花丝淡黄，雄蕊黄色，复雌蕊，雌蕊高于雄蕊。

生长特性：中生种，广东英德一芽三叶期为4月上旬。新梢芽叶生育力较强，一芽三叶百芽重78.0g。

生产性能：适制红茶。具有浓郁木香。抗寒性差。

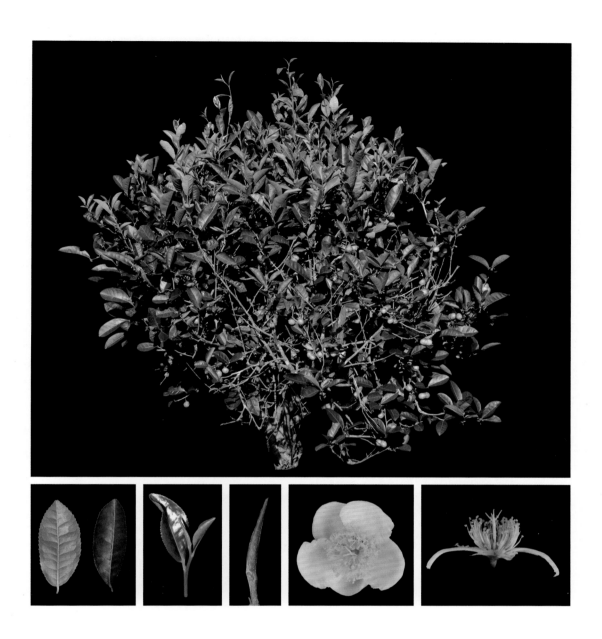

格鲁吉亚6号

Camellia sinensis（L.）O. Kunze cv. *Georgia 6*

来　　源：从格鲁吉亚引进的群体种经系统选育的无性系。

形态特征：小乔木型，树姿半开张，分枝密；中叶类，叶长8.6cm、宽3.6cm，叶片椭圆形，斜向上着生，叶色绿色，叶面平，叶身内折，叶基楔形，叶尖急尖，叶缘平。新梢芽叶紫绿色，茸毛密。花单生，白色，倒卵圆形，花萼绿色，花药大，花丝淡黄，雄蕊黄色，复雌蕊，雌蕊高于雄蕊。

生长特性：晚生种，广东英德一芽三叶期为4月中旬。新梢芽叶生育力和持嫩性较强，一芽三叶百芽重74.0g。

生产性能：适制红茶。具有浓郁木香。抗寒性差。